Schrader-Motor-Chronik

ZÜNDAPP-MOTORRÄDER 1947–84

2101

Schrader-Motor-Chronik

ZÜNDAPP-MOTORRÄDER 1947–84

Eine Dokumentation von Walter Zeichner

Schrader Verlag

Motorräder der Marke Zündapp waren einst eine Selbstverständlichkeit im Straßenbild – so wie die Zweiräder der Fabrikate BMW, DKW, NSU. Heute bleibt uns nur ein wehmütiger Rückblick auf die nicht mehr existente Marke. Eine Fülle interessant aufgemachter Werbemittel lassen wir in diesem Band der Schrader-Motor-Chronik Revue passieren, zusammengestellt von Klaus Vollmar (WK-Verlag) und Walter Zeichner. Die ganz „Leichten" sowie die verschiedenen Varianten des Bella-Motorrollers haben wir hier herausgelassen – sie könnten einen eigenen Band der SMC-Reihe füllen.

Für sachkundige Mitarbeit sei auch Stefan Knittel gedankt sowie Ulrich Kubisch vom Museum für Verkehr und Technik, Berlin, welches heute im Besitz des Zündapp-Werksarchivs ist.

Halwart Schrader
Herausgeber

Neudruck der 1988 im Verlag Schrader Automobil-Bücher Handels GmbH, München, erschienenen Originalausgabe

Hinter den Höfen 7, D-29556 Suderburg
1994

Dokumentation: Walter Zeichner
Gestaltung: Sonja Anderle
Satz und Druck: Bosch-Druck, Landshut/Ergolding
ISBN 3-922617-37-9
Printed in Germany

Inhalt

Aufstieg und Niedergang der Marke Zündapp

In der Volksrepublik China, einem Land, dessen Bevölkerung am Anfang steht, in den Genuß einer bescheidenen Individualmotorisierung zu kommen, trifft man als Reisender heute gelegentlich auf kleine Zweiräder, die der interessierte Motorradfreund leicht als Fahrzeuge der Marke Zündapp identifizieren könnte, wenngleich sie unter chinesischer Bezeichnung seit einiger Zeit aus einem Werk etwa 120 km südlich von Beijing rollen. Es handelt sich dabei um die wiederaufgenommene Produktion von Zündapp-Maschinen, deren Fertigungsanlagen nach dem Zusammenbruch der Firma im Jahre 1984 nach China verkauft wurden und in zahlreichen Containern mit der Transsibirischen Eisenbahn in ihre neue Heimat gebracht worden sind.

15 Millionen Mark hatten die Chinesen damals für die Einrichtung der bankrotten Firma bezahlt. Etwa ein halbes Jahr nach dem Vertragsabschluß trafen die zerlegten Fabrikationsmaschinen mitsamt allen Konstruktionsplänen im Reich der Mitte ein, um dort zur allmählichen Motorisierung beizutragen.

Zündapp war nach BMW und Hercules der drittletzte noch verbleibende Hersteller von Motorzweirädern in Westdeutschland gewesen, nachdem in diesem Lande noch in den 50er Jahren eine verwirrend große Zahl von Moped- und Motorradfirmen ihr Glück versucht hatten. Die meisten verschwanden jedoch nach einiger Zeit, als man sich ein Auto leisten konnte und das Zweiradfahren bald zu den Mühen der „armen Leute“ gehörte. Als dann später in den siebziger Jahren das Motorrad als sportliches Spielzeug wiederentdeckt wurde, reagierte man in Deutschland nicht schnell genug auf diesen Trend. Der Markt wurde von billigen, zugleich guten und technisch hochinteressanten Motorrädern aus Japan überschwemmt.

Die Zündapp-Story begann im Jahre 1917, als Fritz Neumeyer (Großvater des letzten Firmenchefs) und die Essener Friedrich Krupp AG die „Zünder- und Apparatebau-Gesellschaft mbH Nürnberg“ gründeten, um Bombenzünder herzustellen. Zeitweilig wurden bis zu 1800 Arbeiter beschäftigt. Nach Kriegsende schrumpfte die Belegschaft auf hundert Mann – Zünder wurden nicht mehr gebraucht. Krupp zog sich aus der Nürnberger Firma zurück, und Neumeyer änderte den Namen des Unternehmens in „Zündapp Gesellschaft für den Bau von Spezialmaschinen mbH Nürnberg“, wobei man sich jetzt erst einmal mit der Herstellung einfacher Metallwaren wie Schrauben, dann aber auch Anlassern und Lichtmaschinen befaßte. Nach einem eher erfolglosen Versuch mit Schreibmaschinen konzentrierte man ab 1921 die Aktivitäten auf die Entwicklung eines „Motorrades für jedermann“. Es gab damals viele solche leichten Zweiräder; Neumeyer aber lag an einer Maschine besonderer Qualität und Zuverlässigkeit. Er wählte einen einfachen Weg,

indem er die seiner Ansicht nach beste Konstruktion jener Zeit glattweg kopierte – das war die englische Levis. Schon die ersten beiden Versuchsmaschinen mit 211 ccm Hubraum und 2,5 PS gewannen bei einem Bergrennen die ersten beiden Plätze; der Name Zündapp wurde praktisch über Nacht zu einem neuen Begriff in Motorradfahrerkreisen. Der Verkauf blühte auf, die Nürnberger kamen mit der Fertigung kaum nach. Bis zum Beginn der Weltwirtschaftskrise Ende der zwanziger Jahre konnte man die Nachfrage nur durch ständige Produktionserhöhung befriedigen.

Dann aber ging der Umsatz um etwa 80 Prozent zurück, die Firma Zündapp geriet in Bedrängnis. Nur mit Mühe vermochte sie die Krisenjahre durchzustehen, entwickelte sogar ein völlig neues Zweiradprogramm. So wurde 1933 eine Reihe von Zwei- und Viertaktmotorrädern präsentiert von 175 bis 800 ccm Hubraum; die großen

Links: Zwei KS 601 von 1951 mit Seitenwagen – Traumgespann jener Jahre. Im Hintergrund Bahnverladung von Zündapp-Motorrädern; auf den Waggons „DR – US-Zone".

Oben: Leichtmetall-Druckguß: Hier entsteht der Rahmen der Zündapp-Motorräder.

Maschinen hatten Kardanantrieb. Im Verlauf der dreißiger Jahre legte das Unternehmen dann wieder gewaltig zu. 1938 verließ die 200 000. Zündapp das Werk.
Der Krieg verschonte Nürnberg durchaus nicht, und als die Stadt am 20. April 1945 die weiße Fahne zeigte, lagen die ausgedehnten Betriebsanlagen zum großen Teil in Schutt und Asche. Fast die Hälfte der technischen Einrichtungen war unbrauchbar. Doch schon im Mai, nach den nötigsten Aufräumungsarbeiten, nahm eine bescheidene Produktion wieder ihren Anfang, wenn auch nur von Kartoffelpressen, Notstromaggregaten und Weihnachtsbaumständern. Damals entstand auch eine praktische Koffernähmaschine, die sich einer zunehmenden Nachfrage erfreute. Und im Oktober 1947 erhielt man endlich auch wieder die Genehmigung zum Bau von Motorrädern bis 250 ccm Hubraum.
Mit dem Modell Derby 200 aus der Vorkriegszeit nahm man die Fertigung wieder auf. Dieses Motorrad, DB 200 genannt, war robust und zuverlässig; der Zweitaktmotor leistete 7 PS. Bis 1950 baute man die DB 200 mit der herkömmlichen Trapez-Vorderradgabel und ohne Hinterradfederung. Bald kamen Aufträge von Post- und Bahnbehörden, und in bescheidenem Ausmaß ließen sich auch die ersten Exportgeschäfte an.
Nach der Währungsreform 1948 stieg die Nachfrage nach der jetzt 1040 Mark teuren DB 200 deutlich an. Aber es wurde Zeit, die Technik dieser Vorkriegskonstruktion zu modernisieren: 1950 erhielt sie als Modell DB 201 eine vordere Telegabel. Noch im gleichen Jahr rollte die 300 000. Zündapp vom Band. Die DB 201 wurde aber nur ein Jahr lang gebaut und dann von der DB 202 abgelöst, die ein Viergang-Ziehkeilgetriebe sowie Fußschaltung aufwies.
1952 kam die DB 203 Comfort auf den Markt, zusammen mit dem einfacheren Einsteigermodell Norma DB 204. Das Modell Comfort leistete 8,7 PS und lief glatte 90 km/h. Die Leistung wurde mittels eines von Bing speziell für Zündapp gebauten Doppel-Registervergasers erzielt. Ihren Fahrkomfort verdankte diese Maschine nicht zuletzt der Jurisch-Geradweg-Hinterradfederung. Einige Exemplare verfügten auch über einen geschlossenen Kettenkasten. Das Grundmodell Norma entbehrte derlei Luxus, hatte auch weniger Chromschmuck.
Zwischen 1953 und 1955 entstand die letzte Variante dieser Reihe mit der Bezeichnung DB 234 Norma Luxus. Sie stellte eine Mischung beider Vorgängermodelle dar: Sie wies den Einport-Motor der Norma 204 und das Fahrwerk der Comfort auf, hatte auch den geschlossenen Kettenkasten. Neben diesen beliebten und bewährten 200-ccm-Zweitaktern hatte Zündapp 1949 mit der Herstellung der KS 600 begonnen, einer schon vor dem Kriege entwickelten und gebauten Viertakter, die wegen der grünen Lackierung ihres Rahmens „Grüner Elefant“ genannt wurde. Die Kardan-Boxer-Maschine, 28 PS stark und fast 150 km/h schnell, hatte sich auch als Gespannmotorrad sehr bewährt. 1951 löste sie die KS 601 ab. Die „Kardan-Sport“ wies nun einen Doppelschleifen-Rohrrahmen auf, der ihr ein eleganteres Aussehen gab. Mit dem bewährten Steib-Seitenwagen, ebenfalls in Nürnberg gebaut, ergab sich eine ausgezeichnete Kombination, die auch im Motorsport Furore machte. Zwischen 1955 und 1960 wurden zum Beispiel alle deutschen Geländemeisterschaften in dieser Klasse von Zündapp gewonnen.
Trotz ihrer guten Qualitäten konnte die KS 601 – die es außer in Grün auch in Rot und in Schwarz gab – aber in nur 5000 Exemplaren verkauft werden. Die Blütezeit des Motorrads schien zu Ende zu gehen. Ende 1957 stellte man die Fertigung des „Grünen Elefanten“ ein.
Das Jahr 1953 hatte für die Zündapp-Kundschaft zwei neue Modelle gebracht, nämlich die neue Generation der 200-ccm-Klasse mit den „Elastic“-Modellen und einen

Gutproportionierte Mädchen und blitzblanke Motorräder passen seit jeher zusammen. Zumindest in der Werbefotografie, wie bei dieser Aufnahme einer KS 50 mit Wasserkühlung, Modell 1981.

Roller, „Bella“ genannt, mit dem Zündapp an den Erfolg der legendären Vespa anschließen wollte. Aber die Bella-Story ist eine Episode für sich. Die Typen DB 205 Elastic und DB 255 Elastic waren wiederum sehr robust gebaute Motorräder. Wichtigste Neuerung war der Zentralrohrrahmen mit Hinterradschwinge, der dem Motorrad ein völlig neues Aussehen gab. Die Hinterradschwinge brachte eine wesentliche Verbesserung der Straßenlage und des Fahrverhaltens. Die lastabhängig verstellbaren Federbeine stützten sich gegen Leichtmetall-Heckausleger ab. Der Zylinder des weiterentwickelten Derby-Motors stand jetzt nicht mehr aufrecht unter dem etwas eckiger geformten Kraftstofftank, sondern neigte sich deutlich nach vorn und hatte eine Einport-Auspuffanlage. Neu war ferner die Schnürle-Zweikanal-Umkehrspülung anstelle des bisherigen Dreikanalsystems. Leistete dieser Motor in der 200er-Basisversion 9,5 PS, so verhalfen dem ab 1954 gebauten 250er-Modell mit um 7 mm aufgebohrtem Motor 13 PS zu einer Höchstgeschwindigkeit von 100 km/h. Diese Kraft reichte sogar aus, um einen Betrieb mit Seitenwagen zu ermöglichen. Im Dezember 1953 feierte man in Nürnberg die 500 000. Zündapp seit Firmengründung. Ein Jahr später verschwand mit der Produktionseinstellung der DB 255 der Name Derby aus der Geschichte des Hauses. Aber es gab jetzt eine neue Generation von Zündapp-Motorrädern – mit der 200 S als Ablösung der Elastic. Hier bestand das Rahmenheck aus konisch geformten Rohren, die Dimension der Räder hatte man auf 16 Zoll verringert. Der Motor war verfeinert worden, hatte ein besseres Drehmoment und entwickelte sich zu einem der zuverlässigsten Aggregate der 200-ccm-Klasse.
1956 erschienen zur Angebotsabrundung die 175 S und die 250 S. Bei der 175 war die Bohrung um 4 mm verringert worden, doch mit 10,5 PS kam man noch gut auf 100 km/h. Die wie die 175er bis 1963 gebaute 250 S sollte das serienmäßig letzte Zündapp-Motorrad mit einem Hubraum über 175 ccm bleiben. Als letzte konstruktive Neuerung erhielt diese 250er eine „geschobene“ Vorderrad-Langschwinge mit ölgedämpften Federbei-

nen. Sie entsprach in ihrem Aussehen ansonsten der Zündapp 200 S.
In den späteren fünfziger Jahren hatte Zündapp mit etlichen Rückschlägen zu kämpfen, vor allem, weil die unter großem Aufwand in Gang gebrachte Kleinwagenkonstruktion „Janus" ein Flop wurde. Im Verlauf einer einschneidenden Strukturveränderung trennte man sich vom Stammwerk Nürnberg und konzentrierte die Fertigung im ehemaligen Zweigbetrieb München, das zu Anfang der fünfziger Jahre zum Bau der Nähmaschinen errichtet worden war, seit 1953 auch die erfolgreiche „Combinette" (Moped mit 50-ccm-Motor) herstellte. Ab Ende 1958 gab es die ersten 175er und 250er der S-Reihe aus München, die jetzt die Zusatzbezeichnung „Trophy" führten. Die Internationale Sechstagefahrt 1957 war für Zündapp äußerst erfolgreich verlaufen – daher der Name. Beide Motorräder konnte man übrigens mit elektrischem Anlasser bekommen, wie ihn auch der Bella-Roller hatte.
1959 kam als kleinstes Motorradmodell eine 75-ccm-Maschine auf den Markt, die KS 75 Falconette, basierend auf den erfolgreichen 50-ccm-Kleinkrafträdern. Das tüchtige Maschinchen hatte hinten doppelte Stoßdämpfer und einen 5,6-PS-Motor mit Vierganggetriebe. In der Zeit von 1963 und 1971 gab es dann als Gegenstück zu den favorisierten Mofas, Mopeds und Kleinkrafträdern in unzähligen Versionen als einziges Motorrad von Zündapp die KS 100. Ein Markt für größere Kaliber war so gut wie nicht mehr existent. Als Mitte der siebziger Jahre der Trend sich aber wieder zum größeren Motorrad vollzog, war die Zündapp-Führung unter Leitung des Gründerenkels Neumeyer nicht mehr gewillt, die Fäden aufzunehmen und der japanischen Konkurrenz etwas entgegenzusetzen. Zwar gab es ab 1971 wieder ein Kleinmotorrad mit 125-ccm-Motor, 1977 auch eine 175er, doch waren diese Maschinen bei aller Qualität zu teuer. Wesentlich aufwendiger gebaute und zeitgemäßer konzipierte Maschinen aus Japan kosteten deutlich weniger als die immer noch eher an ein Kleinkraftrad erinnernde „große" Zündapp. Bald gehörte der Konkurrenz aus Fernost der gesamte europäische Motorradmarkt . . .
Zündapp-Chef Dr. Dieter Neumeyer schien keine Lust mehr zu verspüren, besondere Anstrengungen zu unternehmen, mit engagierten Motorradfahrern ins Geschäft zu kommen, von denen sich viele sehnlichst eine Neuauflage des „Grünen Elefanten" wünschten. 1976 wurde indessen ein Prototyp einer 350-ccm-Zweizylinder mit 27 PS gezeigt, mit bemerkenswerten Details wie Wasserkühlung, Sechsganggetriebe und hydraulisch betätigten vorderen Scheibenbremsen, doch ging diese Konstruktion leider nicht in Serie. Mofas und Mopeds baute man weiterhin – auch sie waren recht teuer, fanden aber eine Zeitlang ihre treuen Abnehmer.
Von der amtlich auf 80 ccm angehobenen Kleinkraftradklasse erhoffte sich Zündapp neue Impulse. Erneut unterschätzte man aber die Fähigkeiten der japanischen Mitbewerber. Als Zündapp die neuen Achtziger präsentierte, waren die Japaner ebenfalls schon zur Stelle – und erneut mit Maschinen, die preislich nicht zu schlagen waren. Es kam, wie es kommen mußte: Zündapp war zur Aufgabe gezwungen.
Im August 1984 schloß das Werk seine Pforten. Es bestand noch ein Lager von 11 000 Kleinkrafträdern – und ein Schuldenberg in Höhe von 35 Millionen Mark. Das Dahinschwinden der Marke Zündapp wurde von allen Seiten als besonders tragisch und auch als vermeidbar bezeichnet, hätte man sich flexibler gezeigt und den Trends entsprochen. Den Liebhabern der traditionsreichen Marke – und es sind nicht wenige – bleibt heute nur die Möglichkeit, einen Veteranen aus Nürnberger oder Münchner Produktion zu erwerben; der Markt ist noch relativ gut bestückt.

Mit der Derby 200 aus den späten dreißiger Jahren hatte Zündapp 1947 eine Konstruktion parat, mit der es sich lohnte, einen neuen Anfang zu wagen. Vor der Währungsreform kostete die Maschine 905 Reichsmark. Die Modelle 201 und 201 S erfreuten sich damals einer großen Beliebtheit im Lande.

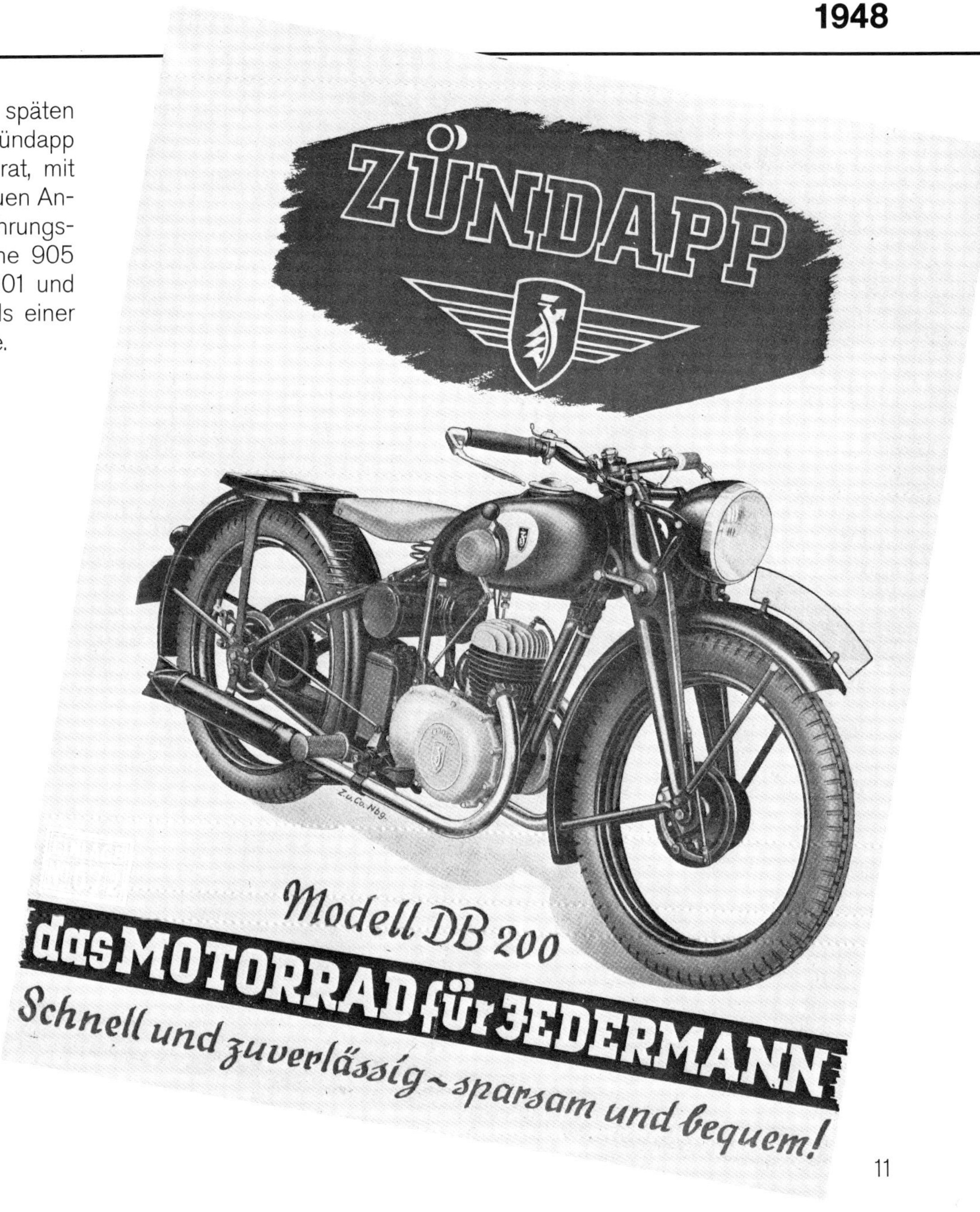

Mit der DB 200 begann bei Zündapp die bescheidene Nachkriegsproduktion. Auch die Werbemittel der vierziger Jahre lehnten sich noch an die der Vorkriegszeit an.

ZÜNDAPP DB 200 - *ein*

Der leistungsfähige Dreistrom-Zweitakter

gewährleistet durch die günstige Gemischführung von drei Überströmkanälen über einen flachen Kolben die restlose Verbrennung des Kraftstoff-Luftgemisches. Dadurch höchste Leistung bei sparsamstem Kraftstoffverbrauch.

Beschleunigung:

im 3. Gang von 30 auf 60 km/Std. in etwa 12 Sek.
im 3. Gang von 40 auf 70 km/Std. in etwa 15 Sek.
Kraftstoff-Normverbrauch 2,5 Ltr./100 km

Was ist Kraftstoff-Normverbrauch?

Der Kraftstoff-Normverbrauch wird bei $^2/_3$ der Höchstgeschwindigkeit unter voller Belastung auf einer ebenen Autobahnstrecke (je 50 km in beiden Richtungen) unter Zuschlag von 10% für ungünstige Verhältnisse ermittelt. Bei Solofahrten (ohne Sozius) sinkt der Brennstoff-Verbrauch um etwa 10%.

Das bedarf keines besonderen Beweises. Der Begriff „Zündapp-zuverlässig" hat sich längst durchgesetzt. Hier haben Sie für wenig Geld das ideale Verkehrsmittel. Einen Sozius — auch einen Lieferanhänger — befördert die DB 200 spielend. Schlechte Wege, Steigungen und Geländehindernisse bedeuten für sie keine Schwierigkeiten. Denken Sie bitte daran, wie erfolgreich gerade dieses Modell bei den schweren Gelände- und Dauerprüfungsfahrten war. Der leistungsstarke, lebendige 7 PS Dreistrom-Zweitaktmotor verfügt selbst bei angestrengtestem Soziusbetrieb über eine hohe Kraftreserve. Fahren Sie erst einmal eine Zündapp DB 200 und Sie werden sofort wissen, daß Sie hier ein richtiges Motorrad in der Hand haben. Dabei verlangt die Zündapp so gut wie gar keine Pflege, ist immer betriebsbereit und ohne Vorkenntnisse zu fahren.

Niedriger Anschaffungspreis, sparsamster Kraftstoff-Verbrauch und hohe Leistung — das ist der Wunschtraum aller Motorrad-Interessenten. Eine Zündapp DB 200 erfüllt nicht nur alle diese Wünsche, sondern sie wird ihrem Besitzer schon nach kurzer Zeit zu einem unentbehrlichen Helfer und Arbeitskameraden geworden sein.

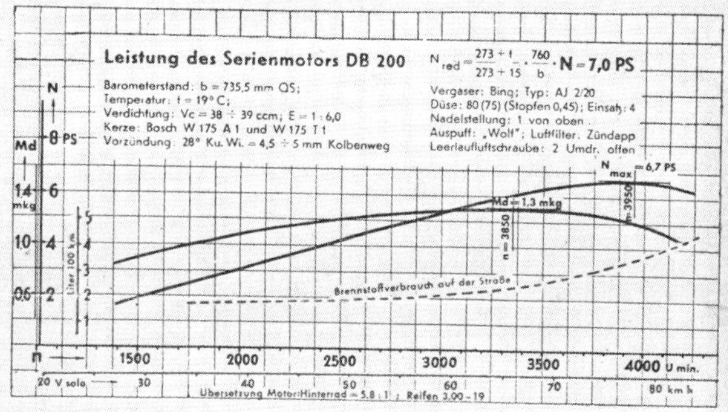

Für wenig Geld eine echte **ZÜNDAPP**

...lider Begriff...

Technische Einzelheiten:

MOTOR:

Arbeitsweise	Zweitakt
Zylinderzahl	1
Bohrung mm	60
Hub mm	70
Hubraum ccm	198
Kompressionsraum ccm	39 + 1
Verdicht.-Verhältnis	1 : 6
Leistung des Motors in PS bei U/min.	7 PS/4000
Drehzahl b. 60 km/Std.	3100
Kurbelwellenlagerung	3 Kugellager
Pleuellagerung	Nadellager käfiggeführt
Schmierung d. Motors	Mischungsschmierung
Mischverhältnis:	
Einfahren	1 : 20
später	1 : 25
Kolben	Leichtmetall
Kolbenbolzenlagerung	schwimmend
Steuerungsart	Schlitze

ELEKTRISCHE ANLAGE:

Batterie-Lichtzündanlage	Noris 30/50 Watt
Batterie	Bosch
Zündverstellung	keine
Vorzündung in mm vor ober. Totpunkt	4,5

VERGASER:

Fabrikat und Typ	Bing AJ 2/20
Durchlaß in mm	20
Kraftstoffdüse	80
Nadelstellung v. oben	1. Raste
Luftschraube Umdrehungen offen	1½–2
Mischkammereinsatz Nr.	4
Getrennte Luftregul.	ja
Luftfilter	Zündapp

GETRIEBE UND ANTRIEB:

Getriebe	Zündapp, 3 Gang
Getriebeanordnung	mit dem Motor verblockt
Kette vom Motor zum Getriebe	3/8"×7,7 mm 62 Glieder
Kette vom Getriebe zum Hinterrad	1/2"×5/16" 122 Glieder
Kupplung	Mehrscheiben in Ölbad
Getriebeschaltung durch Klauen mit	Handschalthebel am Tank
Gesamt-Untersetzung	Solo
1. Gang	1 : 17,4
2. Gang	1 : 10
3. Gang	1 : 5,8
Untersetzung v. Motor zum Getriebe	1 : 2,18
Untersetzung vom Getriebe z. Hinterrad	1 : 2,66
Art des Kickstarters	gekapselt im Getriebe eingebaut
Höchstgeschwindigkeit km/Std.	80–85

FAHRGESTELL, ABMESSUNGEN usw.:

Rahmen	offener Doppelrohrrahmen
Rahmenverbindungen	verschraubt
Fußrasten	verstellbar
Kippständer	Mittelständer
Vordergabelfederung	Druckfeder
Stoßdämpfer	Zündapp, von Hand nachstellbar
Art der Bremsen	Innenbacken
Tiefbettfelgen	19"x2,5"
Reifengröße, Typ	19"x3" Stahls.-Ballon
Reifendruck atü	1,5 VR 1,75 HR
Räder	VR u. HR m. Steckachse
Radstand mm	1300
Größte Länge mm	2000
Größte Breite mm	750
Größte Höhe mm	900
Sattelhöhe mm	680
Bodenfreiheit mm	130
Wendekreis m	5
Zul. Höchstbelastung kg	160
Tankinhalt Ltr.	12
Gesamtgewicht ohne Brennstoff etwa kg	110
fahrbereit, komplett etwa kg	117

TELEGRAMMWORT: DERBY

AUSSTATTUNG: Schwarze Hochglanzlackierung, großer Druckfeder-Gummisattel, verstellbarer Lenker, Drehgriff, Kniekissen, elektr. Horn, reichhaltiges Werkzeug, Luftpumpe, aufklappbares HR-Schutzblech, doppelt abgedeckte HR-Kette, auseinandernehmbare Auspufftöpfe.

GEGEN AUFPREIS: Beinschutzschilder, Steuerungsdämpfer, Diebstahlsicherung, beleuchtb. Tachometer (Ø 77 mm) im Scheinwerfergeh.

unverwüstlich und zuverlässig!

Noch hatte der Zweitaktmotor der 200-ccm-Zündapp nicht die Schnurle-Umkehrspülung. Das gebogene Kennzeichen auf dem vorderen Kotflügel war anfangs ebenfalls noch üblich . . .

Es ist wirklich an alles gedacht ...

denn es gibt keinen Stillstand und so wurde auch eine erprobte und ausgereifte Konstruktion, wie es die Zündapp DB 200 war, im Laufe der Jahre nach den Erfahrungen der lebendigen Praxis vervollkommnet. Darum finden Sie an der DB 200 Steckachsen, wie sie sonst nur schwere und teure Motorräder aufweisen, darum sehen Sie hier die weitgehende Kapselung aller Triebwerksteile, die es ermöglicht, daß die DB 200 so gut wie keine Pflege bedarf und trotzdem immer startbereit ist — darum auch die ungewöhnlich praktische und wirklich brauchbare Ausrüstung —, es ist eben eine echte Zündapp die sich Ihnen vorstellt. Der bewährte Dreistrom-Zweitaktmotor ist allbekannt. Für sparsamsten Kraftstoffverbrauch sorgt ein Vergaser mit getrennter Luft- und Gasregulierung — natürlich mittels Drehgriff. Schmierungsstörungen und Ölwechsel kennt der Zündapp-Zweitakter nicht, — die Gemischschmierung verhütet Schäden die durch unsachgemäße Ölung auftreten könnten und enthebt Sie der Sorge ob Sie zu viel oder zu wenig Öl geben. In einem ständigen Ölbad läuft zum Beispiel die Getriebeantriebskette, sie ist zusammen mit der extra groß bemessenen Lamellen-Kupplung staubdicht gekapselt. Die Nachstellung der Kupplung ist aber deshalb kein Problem, sie ist von Hand ohne Werkzeug, durch Stellschraube mit Flügelmutter möglich. Ebenso leicht nachstellbar ist die H.R.-Bremse. Die Hinterrad-Antriebskette ist mit einem vergrößerten Kettenkasten versehen der jetzt auch den unteren Kettenteil gut abdeckt. Da beim Zweitakter durch Verbrennungsrückstände in den Auspufftöpfen ein Leistungsabfall entstehen kann, hat die DB 200 leicht demontierbare Schalldämpfer. Es ist eben an alles gedacht, — so auch an die Reifenpannen. Durch ein aufklappbares Hinterradschutzblech und Steckachsen an Vorder- und Hinterrad verlieren sie für den DB-Fahrer alle Schrecken. Für Bequemlichkeit und ermüdungsfreies Fahren sorgt ein großer Gummisattel und der verstellbare Lenker sowie verstellbare Fußrasten. Dadurch wird jeder Körpergröße eine zwanglose Haltung ermöglicht. Beim Parken gestattet ein Abwälz-Mittelständer im Gegensatz zu den früher üblichen Hinterradständern ein wirklich müheloses Aufbocken der Maschine. An der Tankstelle geht kein Tropfen Gemisch verloren, denn der Einfüllstutzen mit Schnellverschluß ist besonders weit. All das sind Kleinigkeiten über die Sie sich freuen werden. Durch den verschraubten verwindungssteifen Doppelrohrrahmen ist die Straßenlage hervorragend, darüber hinaus besitzt die Konstruktion den Vorteil, daß eventl. beschädigte Teile leicht und bei geringstem Kostenaufwand ausgewechselt werden können. Aber besser noch als Worte wird Sie eine Probefahrt überzeugen, die Ihnen der Zündapp-vertreter gerne vermittelt.
Für den großen Kreis der Zündapp-Fahrer ist auch die Kundendienst-Organisation wieder im Aufbau, sodaß Sie immer und überall die Gewähr haben, sachgemäß und zu niedrigsten Preisen bedient zu werden.

Hinterrad-Steckachse

Gute Kapselung des Triebwerks

aber überall leicht zugänglich

Vertreter:

Zündapp-Werke Ges. m. b. H. Nürnberg

Zerreiss & Co., Nürnberg

Mit ungewöhnlicher Ausführlichkeit ging man in den Prospekten von Zündapp auf technische Einzelheiten ein. Besonders komfortabel gab sich die DB 200 nicht, aber sie war recht wartungsfreundlich. Und noch war als Firmensitz Nürnberg angegeben.

Rechts: Ein neuer, frischer Werbestil kam bei Zündapp in den frühen fünfziger Jahren auf. Man erkennt, daß es wieder bergauf ging . . .

Unten: Bei der Zahl 100 000 hat man natürlich jene Exemplare mitgezählt, die bereits vor dem Kriege produziert wurden. Die DB 200 eignete sich, wie auf dem Prospekt vermerkt ist, auch für leichten Seitenwagenbetrieb.

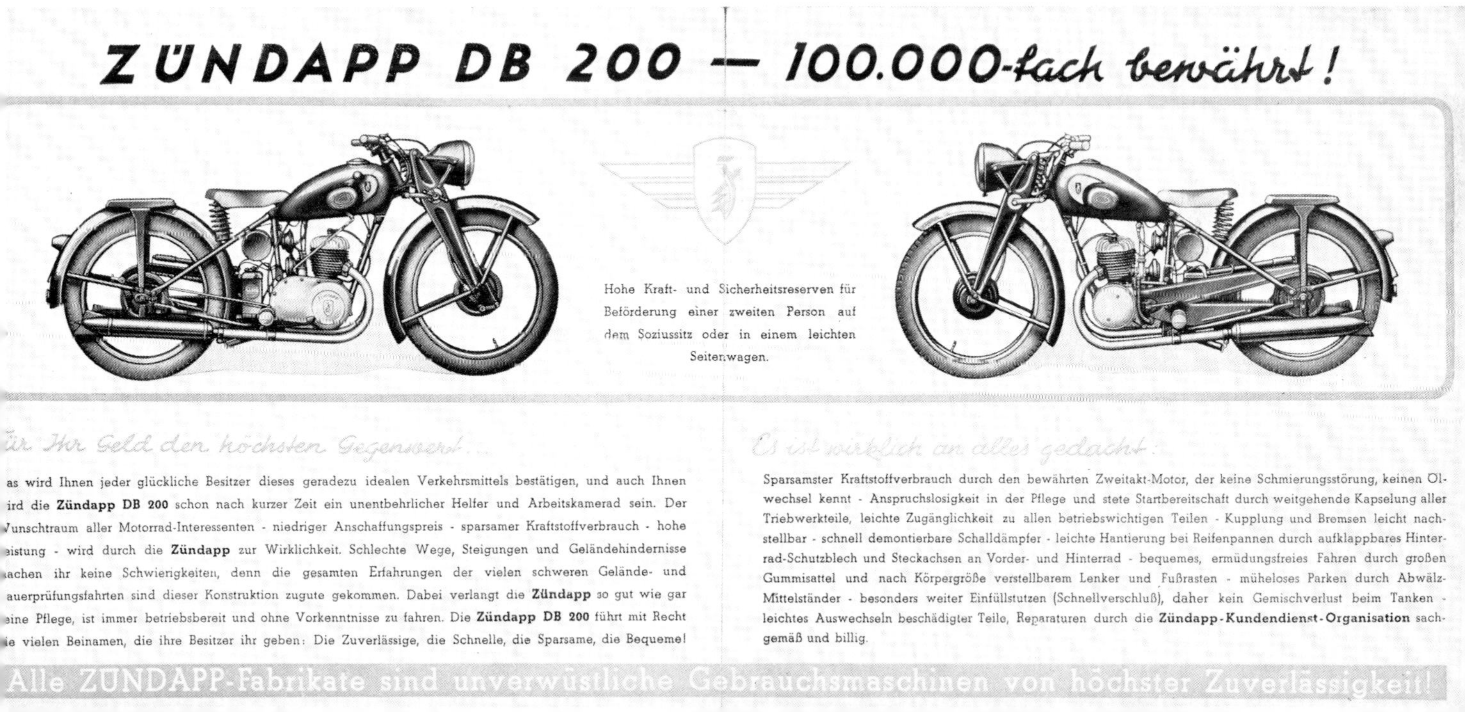

Ein Motorrad das begeistert
Tersch
ZÜNDAPP
ZÜNDAPP-WERKE NÜRNBERG 20

1950

Links: Das strahlende Paar, sportlich und flott, im typischen Zeichenstil der Zeit. Knickerbocker waren noch en vogue, der Sturzhelm galt als Requisit des Rennfahrers.

Mitte 1950 wurde aus der DB 200 die DB 201. Die Zweitaktmaschine wartete mit einem halben PS mehr auf. Die technischen Argumente sind fast identisch mit jenen für die DB 200. Aber vieles ist doch neu an dieser Maschine . . .

ZÜNDAPP
DB 201
7,5 PS

Höhere Leistung · bessere Fahreigenschaften · größere Sicherheit · mehr Bequemlichkeit

ine fortschrittliche 200-ccm-Maschine, die alle Vorzüge eines in über 100 000 Exemplaren gebauten Typs mit den Vorteilen etzter technischer Erkenntnisse in sich vereinigt. Bewußt wurde dabei auf solche Neuerungen verzichtet, deren Annehmlichkeiten oder Vorteile unter den gegenwärtigen Verhältnissen zu teuer erkauft werden müßten. Aber nirgendwo wurde auf Kosten der Zuverlässigkeit oder des Gebrauchswertes gespart.

Neu ist der Flachkolben-Zweitakt-Motor mit Vierstrom-Umkehrspülung, der neben einer höheren Spitze eine größere Dauerleistung aufweist.

Neu ist die robuste Teleskop-Vordergabel mit hartverchromten Gleitrohren, die mit langen, besonders abgestimmten Federn eine sehr weiche Federung ergibt.

Neu ist — mit Rücksicht auf die jetzt möglichen höheren Reisegeschwindigkeiten — die Versteifung des Rahmens.

Neu ist das verbesserte Sattelgestell mit der weicheren Satteldecke und der wesentlich vorteilhafteren Sattel-Lagerung.

Neu ist die stärkere Bereifung 3,25-19 mit ihrer noch höheren Tragkraft und den dadurch noch besser werdenden Fahreigenschaften.

Neu ist die größere Batterie-Lichtzündanlage 45/60 Watt mit den helleren 35/35 Watt Bilux-Glühlampen.

Neu ist der Tank mit öl- und benzindichtem Verschlußdeckel, zweitem Benzinhahn für Reserve und weicheren Kniekissen.

In ihrer Gesamtheit ist die neue Zündapp DB 201 ein modernes, vollwertiges Motorrad, das auch unter ungünstigen Bedingungen einem störungsfreien Dauerbetrieb gewachsen ist. Sie verfügt über hohe Kraft- und Sicherheitsreserven für die Beförderung einer zweiten Person auf dem Soziussitz. Diese Maschine ist niedrig im Anschaffungspreis — sparsam im Kraftstoffverbrauch und billig in der Unterhaltung; darüber hinaus aber auch anspruchslos in der Pflege — stets startbereit — bequem in der Handhabung — einfach im Aufbau — und sicher in der Funktion. Durch Verwendung ausgesuchten Rohmaterials bietet sie Gewähr für längste Lebensdauer. Ein weitverzweigtes und gut geschultes Händlernetz mit fachmännisch geleiteten Reparaturwerkstätten und reichhaltigen Ersatzteillagern verbürgt preiswerte, sachgemäße und schnellste Beseitigung aller Schäden.

Alle Zündapp-Motorräder sind Gebrauchsmaschinen von höchster Zuverlässigkeit!

1950

Mit bewundernden Blicken guckt das wanderfreudige Pärchen auf die schmucke Zündapp DB 201. Was sich an diesem Motorrad gegenüber dem Vorgängermodell verändert hat, macht die untenstehende Auflistung deutlich.

Rechts: Seitenansichten der DB 201. Mit ihrer Teleskopgabel und dem neuen Umkehrspülungs-Zweitaktmotor eine moderne und robuste Gebrauchsmaschine.

Eine fortschrittliche 200-ccm-Maschine, die alle Vorzüge eines in über 100 000 Exemplaren gebauten Typs mit den Vorteilen letzter technischer Erkenntnisse in sich vereinigt. Bewußt wurde dabei auf solche Neuerungen verzichtet, deren Annehmlichkeiten oder Vorteile unter den gegenwärtigen Verhältnissen zu teuer erkauft werden müßten. Aber nirgendwo wurde auf Kosten der Zuverlässigkeit oder des Gebrauchswertes gespart.

Neu ist der Flachkolben-Zweitakt-Motor mit Vierstrom-Umkehrspülung, der neben einer höheren Spitze eine größere Dauerleistung aufweist.

Neu ist die robuste Teleskop-Vordergabel mit hartverchromten Gleitrohren, die mit langen, besonders abgestimmten Federn eine sehr weiche Federung ergibt.

Neu ist — mit Rücksicht auf die jetzt möglichen höheren Reisegeschwindigkeiten — die Versteifung des Rahmens.

Neu ist das verbesserte Sattelgestell mit der weicheren Satteldecke und der wesentlich vorteilhafteren Sattel-Lagerung.

Neu ist die stärkere Bereifung 3,25 - 19 mit ihrer noch höheren Tragkraft und den dadurch noch besser werdenden Fahreigenschaften.

Neu ist die größere Batterie-Lichtzündanlage 45/60 Watt mit den helleren 35/35 Watt Bilux Glühlampen.

Neu ist der Tank mit öl- und benzindichtem Verschlußdeckel, zweitem Benzinhahn für Reserve und weicheren Kniekissen.

In ihrer Gesamtheit ist die neue Zündapp DB 201 ein modernes, vollwertiges Motorrad, das auch unter ungünstigen Bedingungen einem störungsfreien Dauerbetrieb gewachsen ist. Sie verfügt über hohe Kraft- und Sicherheitsreserven für die Beförderung einer zweiten Person auf dem Soziussitz. Diese Maschine ist niedrig im Anschaffungspreis — sparsam im Kraftstoffverbrauch und billig in der Unterhaltung; darüber hinaus aber auch anspruchslos in der Pflege — stets startbereit — bequem in der Handhabung — einfach im Aufbau — und sicher in der Funktion. Durch Verwendung ausgesuchten Rohmaterials bietet sie Gewähr für längste Lebensdauer. Ein weitverzweigtes und gut geschultes Händlernetz mit fachmännisch geleiteten Reparaturwerkstätten und reichhaltigen Ersatzteillagern verbürgt preiswerte, sachgemäße und schnellste Beseitigung aller Schäden.

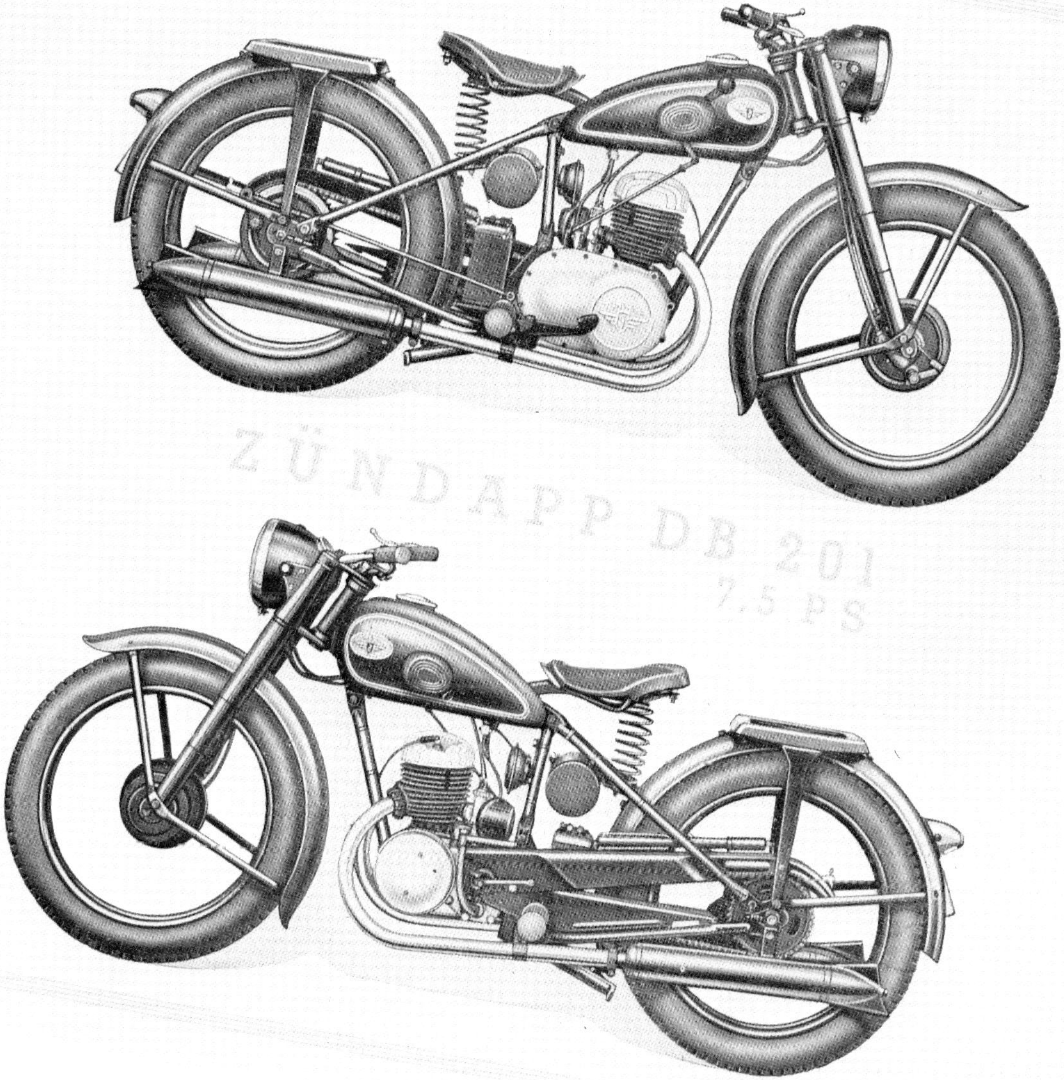
ZÜNDAPP DB 201
7,5 PS

DIE 50 000. ZÜNDAPP

Als aufsehenerregende Neuheit im Motorradbau brachte das Werk Anfang 1929 mit der 50 000 sten Maschine das Stahlmodell Z 300 auf den Plan. Die Maschine besaß den Zündapp patentierten, unzerbrechlichen Profilstahlrahmen mit ebensolcher Vordergabel. Ausgerüstet war die Maschine mit 298 ccm 8 PS Zweitakt-Motor, Dreigang-Getriebe mit Kickstarter, Kettenantrieb, 26×2,85 Ballonreifen und Gazda-Federlenker. Als Höchstgeschwindigkeit erreichte die Z 300 90 km/Std.

DIE 100 000. ZÜNDAPP

Die 100 000 ste Zündapp verließ im September 1933 das laufende Band. Es war eine K 500 aus dem Rekord-Programm neuer Kardan-Modelle, die den Weltruf der Zündapp-Werke begründeten. Dieses Modell war ausgerüstet mit 500 ccm 12,5 PS Zweizylinder-Viertakt-Motor, angeblocktem Viergang-Duplexketten-Getriebe mit Kugelschaltung, Kardan-Antrieb sowie Preßstahl-Rahmen und Preßstahl-Vordergabel, Steckachsen usw. Die Höchstgeschwindigkeit betrug weit über 100 km/Std.

DIE 200 000. ZÜNDAPP

Die 200 000 ste Zündapp, eine „DS 350", wurde im Oktober 1938 geliefert. Sie stellte eine schnelle und zuverlässige Sportmaschine der Mittelklasse dar, die sofort nach ihrem Erscheinen ihre hohe Leistung bei den Spitzenveranstaltungen des in- und ausländischen Geländesportes unter Beweis stellte. Ausgerüstet war die Maschine mit einem 17,5 PS OHV-Viertakt-Motor, Viergang-Getriebe, Fußschaltung, Kettenantrieb, Schwingsattel, Steckachsen usw. Höchstgeschwindigkeit 110 km/Std.

DIE 300 000.

Z Ü N D A P P

E I N E D B 2 0 1

S I N D U N V E R W Ü S T L I C H E

G E B R A U C H S M A S C H I N E N

Als unverwüstlich und zuverlässig bezeichnete Zündapp seine Produkte – und das war nicht übertrieben. Anläßlich der 300 000. Zündapp – es war eine DB 201 – erschien dieser Prospekt mit den Abbildungen berühmter Ahnen des Hauses.

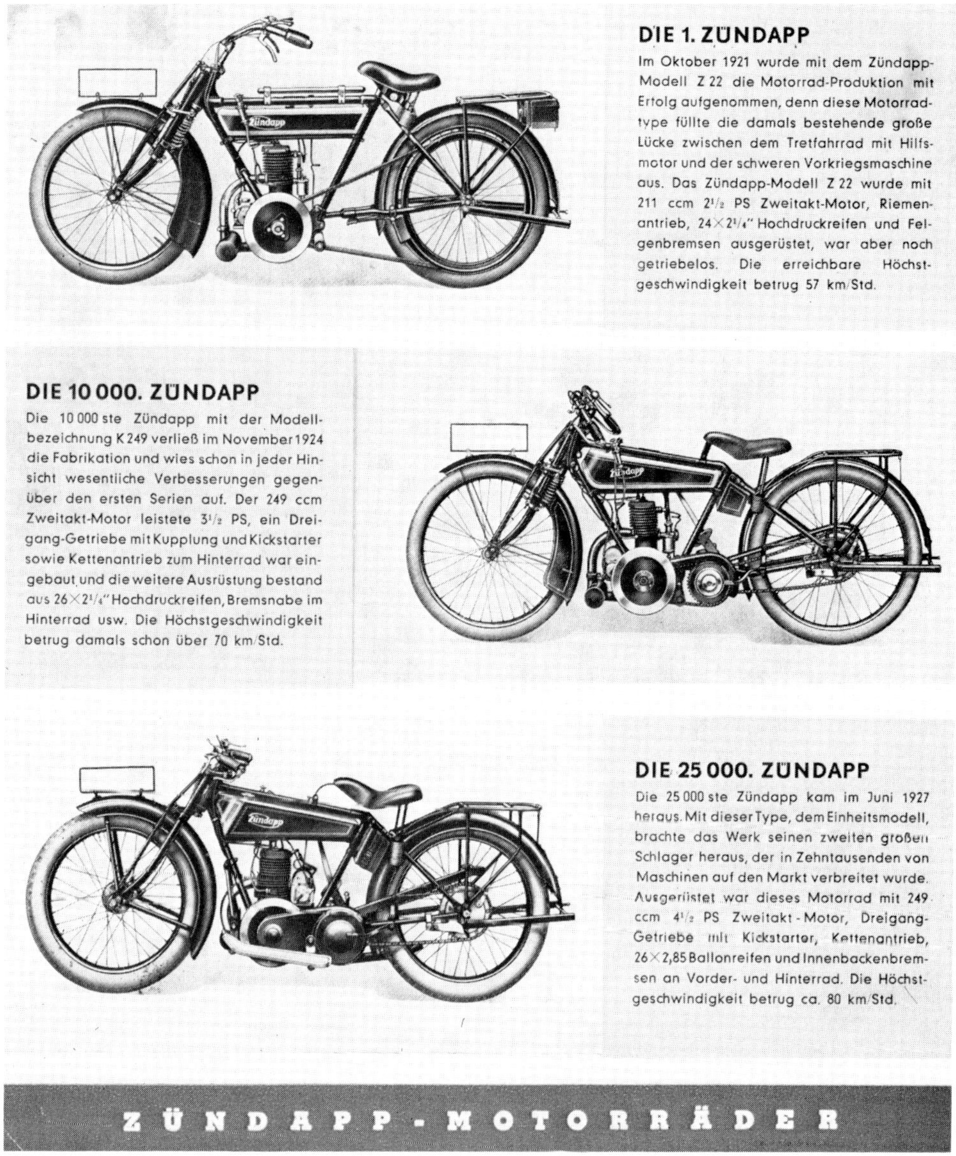

DIE 1. ZÜNDAPP

Im Oktober 1921 wurde mit dem Zündapp-Modell Z 22 die Motorrad-Produktion mit Erfolg aufgenommen, denn diese Motorradtype füllte die damals bestehende große Lücke zwischen dem Tretfahrrad mit Hilfsmotor und der schweren Vorkriegsmaschine aus. Das Zündapp-Modell Z 22 wurde mit 211 ccm 2½ PS Zweitakt-Motor, Riemenantrieb, 24×2¼" Hochdruckreifen und Felgenbremsen ausgerüstet, war aber noch getriebelos. Die erreichbare Höchstgeschwindigkeit betrug 57 km/Std.

DIE 10 000. ZÜNDAPP

Die 10 000 ste Zündapp mit der Modellbezeichnung K 249 verließ im November 1924 die Fabrikation und wies schon in jeder Hinsicht wesentliche Verbesserungen gegenüber den ersten Serien auf. Der 249 ccm Zweitakt-Motor leistete 3½ PS, ein Dreigang-Getriebe mit Kupplung und Kickstarter sowie Kettenantrieb zum Hinterrad war eingebaut und die weitere Ausrüstung bestand aus 26×2¼" Hochdruckreifen, Bremsnabe im Hinterrad usw. Die Höchstgeschwindigkeit betrug damals schon über 70 km/Std.

DIE 25 000. ZÜNDAPP

Die 25 000 ste Zündapp kam im Juni 1927 heraus. Mit dieser Type, dem Einheitsmodell, brachte das Werk seinen zweiten großen Schlager heraus, der in Zehntausenden von Maschinen auf den Markt verbreitet wurde. Ausgerüstet war dieses Motorrad mit 249 ccm 4½ PS Zweitakt-Motor, Dreigang-Getriebe mit Kickstarter, Kettenantrieb, 26×2,85 Ballonreifen und Innenbackenbremsen an Vorder- und Hinterrad. Die Höchstgeschwindigkeit betrug ca. 80 km/Std.

ZÜNDAPP-MOTORRÄDER

Die ältere Zündapp-Generation zeigt die rechte Seite des Jubiläumsprospektes. Ganz oben die erste Maschine, genannt Z 22, eine deutsche Version der englischen Levis.

Die „Grüner Elefant" genannte Zündapp mit 600-ccm-Boxermotor war zunächst mit dem traditionellen Preßstahlrahmen zu haben. 1951 kam die „Kardan-Sport" mit einem modernen Rohrrahmen in Doppelschleifenform auf den Markt, jetzt Modell 601 genannt. Die robuste und für viele Einsatzzwecke hervorragend geeignete Viertaktmaschine gab es bis 1957. Und nicht nur mit grün lackiertem Chassis – die KS 601 wurde auch in Rot oder Schwarz geliefert. Ein sehr aktiver KS-601-Club pflegt heute den Bestand dieser Maschinen.

Zündapp KS 600 - 28 PS

Motor

Zündapp - Zweizylinder - Viertakt - Boxermotor 28 PS, Verdichtugsverhältnis 1:6,6, Bohrung 75 mm, Hub 67,6 mm, Hubraum 597 ccm mit hängenden Ventilen, Umlaufschmierung mit Zahnrad-Ölpumpe. Ein-Vergaser mit getrennter Luftregulierung und großem Luftfilter.

Elektrische Anlage

Batterie-Lichtzündanlage 50/70 Watt. Zündverstellung von Hand, beleuchtbarer Tachometer im Scheinwerfer. Elektrisches Horn.

Getriebe und Antrieb

Zündapp - Viergang - Duplex - Kettengetriebe mit Motor verblockt, Mehrscheiben-Kupplung in Öl laufend, kombinierte Hand- und Fußschaltung durch Klauen, Untersetzung vom Getriebe zum Hinterrad 1:5,43 (Solo) und 1:6,33 (Seitenwagen). Kardan-Hinterradantrieb mit Torsionsstab-Antriebsstoßdämpfer.

Fahrgestell, Abmessungen usw.

Gepreßter Stahlblech-Kastenrahmen mit verschweißten Verbindungen, Vorder- und Hinterradständer sowie Seitenstütze. Verstellbarer Lenker und Fußrasten. Aufklappbares Hinterrad-Schutzblech. Werkzeugbehälter in die Tankhaube eingebaut. Großer Druckfeder-Gummisattel. Trapez-Druckfedergabel mit Öldruckstoßdämpfer und Steuerungsdämpfer. Räder mit Steckachsen untereinander austauschbar. Grosse Innenbackenbremsen, Tiefbettfelgen 3-19 mit Stahlseil-Ballonreifen 3,5-19. Radstand 1410 mm, größte Länge 2165 mm, größte Breite 925 mm, größte Höhe 960 mm, Sattelhöhe 740 mm, Bodenfreiheit 130 mm. Höchstbelastung 200 kg, Gesamtgew. mit vollem Tank ca. 210 kg, Tankinhalt 15 Ltr. Ölbehälterinh. ca. 2,5 Ltr. Kraftstoffverbr. ca. 4,5 Ltr./100 km solo bei 50 km/Std. Höchstgeschwindigkeit 135 km/Std. solo.

Ausstattung

Beste Hochglanzlackierung, reichhaltiges Werkzeug, Luftpumpe, Diebstahlsicherung, Kniekissen.

TELEGRAMMWORT: KASEX

ZÜNDAPP-WERKE G.M.B.H., NÜRNBERG-20

1061

Die Zeichnung auf diesem Prospekt wirkt ein wenig dilettantisch. Um so sachlicher die technische Beschreibung der KS 600, zunächst als Motorrad der dreißiger Jahre neu aufgelegt – erkennbar an der Trapezgabel vorn und am Stahlblechrahmen ohne hintere Dämpfer.

Schon im Sommer 1950 gab es eine überarbeitete Ausgabe der großen Sechshunderter. Mit ihrem zeitgemäßen Rahmen und dem schönen Steib-Seitenwagen ein begehrenswertes Motorrad!

Natürlich war die KS 601 ein beachtenswerter Konkurrent zur Zweizylinder-BMW und wie diese auch eine Kardanmaschine. Doch sie erreichte deren Stückzahlen nicht.

ZÜNDAPP-KS 601-28 PS

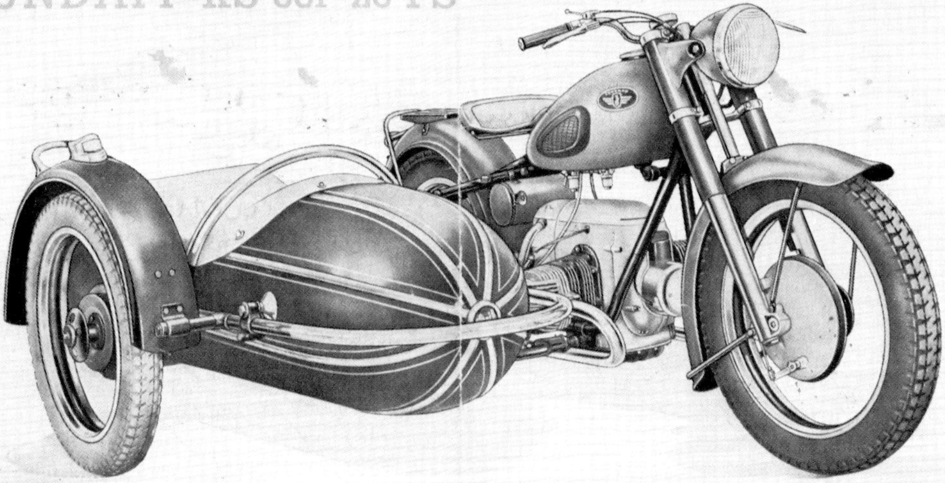

Die stärkste deutsche Serienmaschine für höchste Ansprüche!

Ob solo oder mit Seitenwagen, ob auf guten oder schlechten Straßen, ob in der Ebene oder im Gebirge — immer verleiht sie ihrem Besitzer das Gefühl absoluter Überlegenheit.

Der 600 ccm Zweizylinder-Boxermotor mit hängenden Ventilen und zwei Vergasern ist sparsam im Benzinverbrauch und verfügt über eine hohe Kraftreserve.

Das mit dem Motor verblockte Viergang-Duplexketten-Getriebe gewährleistet in Verbindung mit der torsionsfedernden Kardanwelle einen ideal-weichen Antrieb und größte Schonung aller bewegten Teile.

Ein besonders versteifter Doppelrohr-Rahmen, die tiefe Schwerpunktlage, der Steuerungsdämpfer und überdimensionierte, absolut sicher wirkende Innenbackenbremsen verleihen der Maschine außergewöhnlich gute Fahreigenschaften und geben dem Fahrer das Gefühl größter Sicherheit.

Teleskop-Vordergabel, Teleskop-Hinterrad-Federung, Öldruck-Stoßdämpfer, der verbesserte Druckfeder-Gummisattel, sowie die Verstellbarkeit von Lenker und Fußrasten, verbürgen ein Höchstmaß an Bequemlichkeit.

ZÜNDAPP-WERKE G.M.B.H., NÜRNBERG-20

Man kann den Werbemitteln für den „Grünen Elefanten" ihre Wirkung nicht absprechen. Die Fröhlichkeit der Titelbilder standen in interessantem Kontrast zu den technischen Darstellungen.

Zündapp-Vertretung
Heinrich Geyrhofer
Wels, Salzburgerstr. 28
ZÜNDAPP
KS 601

Franz Staab
Kraftfahrzeuge
Aschaffenburg, Löhrstr. 45
ZÜNDAPP
KS 601
TERSCH

ZÜNDAPP KS601
Fabriksvertretung
Ersatzteile u. Werkstätte
HANS SCHMIRL
SALZBURG
Schallmooserhauptstr. 10
Ruf 72260
AB
755-14

Die Bergsteigfähigkeiten der KS 601 stellte Zündapp stets in den Vordergrund werblicher Aussagen. Mit seinen 28 PS war der „Grüne Elefant“ aber auch wirklich eine kräftige „Zugnummer“, eine ideale Tourenmaschine.

Motor:

Arbeitsweise	Viertakt
Zylinderzahl	2, gegenläufig
Bohrung	75 mm
Hub	67,6 mm
Hubraum	597 ccm — 592 ccm nach Typscheinformel
Verdichtungsverhältnis	1 : 6,4 ÷ 6,7
Leistung des Motors in PS bei U/min	28 PS/4700 U/min
Drehzahl bei 60 km/Std.	solo ca. 2440, Seitenwagen ca. 2900
Kurbelwellenlagerung	1 Kugel-, 2 Rollenlager
Pleuellagerung	Nadellager, käfiggeführt
Schmierung des Motors	Umlaufschmierung
Ölpumpe	Zahnradpumpe
Kolben	Leichtmetall
Ventilanordnung	hängend
Nockenwellenanordnung	im Kurbelgehäuse

Elektrische Anlage:

Batterie-Lichtzündanlage	Noris 90 Watt, 6 Volt
Antrieb	direkt von Kurbelwelle
Zündverstellung	selbsttätig

Vergaser:

Vergaser
Luftregulierung
Luftfilter

Getriebe und Antrieb:

Getriebe

Getriebeanordnung
Kupplung
Getriebeschaltung
Getriebeuntersetzung
Untersetzung vom Getriebe zum Hinterrad
Antrieb

Höchstgeschwindigkeit

Bergsteigefähigkeit

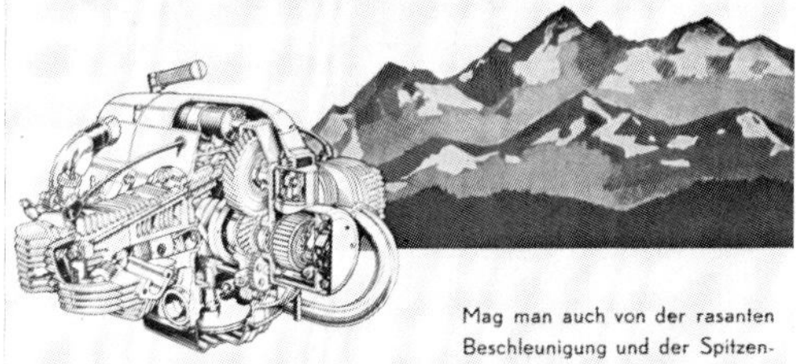

Mag man auch von der rasanten Beschleunigung und der Spitzengeschwindigkeit der KS 601-Gespanne begeistert sein, so wird man doch noch mehr von den am Berg entwickelten gewaltigen Kräften beindruckt:

4. Gang = bis 10% Steigung
3. „ = „ 15% „
2. „ = „ 25% „
1. „ = „ 45% „

Die Werte für KS 601 solo liegen noch darüber.

Zu beziehen durch:

VFM-Typwertung geprüft durch den vereidigten Sachverständigen des VFM

Änderungen vorbehalten. 2076

ZÜNDAPP-WERKE GMBH · NÜRNBERG

Parallel zur KS 601 mit 28 PS gab es ein Sportmodell mit 34 PS. Im übrigen firmierte Zündapp damals noch immer als eine in Nürnberg beheimatete Firma.

ZÜNDAPP KS 601

TECHNISCHE EINZELHEITEN

2 Schrägstrom-Vergaser
selbsttätig
Naßluftfilter

Zündapp 4-Gang-Duplexketten-Getriebe,
im Stillstand durchschaltbar
mit Motor verblockt
Mehrscheiben
Fußschaltung durch Klauen
1 : 3; 1,62; 1,23; 0,96

1 : 4,88 (solo), 1 : 6,14 (Seitenw.)
Torsions-Kardanwelle in Verbindung mit Duplexketten
solo bis 130 km/Std (sitzend)
bis 140 km/Std (liegend)
Seitenw. bis 100 km/Std (sitzend)

Fahrgestell, Abmessungen usw.:

Rahmen	Rohrrahmen, geschlossen
Rahmenverbindungen	verschweißt
Anschlüsse für Seitenwagen	4
Fußrasten	verstellbar
Lenker	verstellbar
Ständer	Vorderradständer, Ratschen-Mittelständer mit Sperrklinke
Sattel	Druckfeder-Gummisattel
Vordergabel	Teleskopgabel mit zentralem Ölstoßdämpfer
Steuerungsdämpfer	spielfrei, nachstellbar
Hinterradfederung	Teleskopfederung, Einbaumöglichkeit für Zusatzfeder
Scheinwerfer	160 mm ∅, mit verschließbarem Zündschlüsselloch
Tachometer	beleuchtbar im Scheinwerfer, Antrieb von der Hinterradnabe
Werkzeugbehälter	unter Sattel, verschließbar
Hinterrad-Schutzblech	Endstück abnehmbar
Art der Bremsen	Innenbacken 230 mm ∅
Tiefbettfelgen	2,15 B × 19 (3 × 19)
Reifen	Stahlseil-Ballon 3,50—19 solo, für Seitenwagen hinten 4,00—19

Radstand	1415 mm
Größte Länge	2140 mm
Größte Breite	765 mm
Größte Höhe	1010 mm
Sattelhöhe	740 mm
Bodenfreiheit	130 mm
Wendekreis	4,6 m
Zulässiges Gesamtgewicht	
solo:	382 kg
mit Seitenw.:	583 kg
Gesamtgewicht ohne Kraftstoff	210 kg
Tankinhalt	ca. 14,5 Liter
Ölinhalt im Kurbelgehäuse	ca. 2,5 Liter
Ölverbrauch	ca. 1 Liter pro 1000 km

Ausstattung:

Beste Hochglanzlackierung, reichlich verchromt, Verwendung geschmiedeter Leichtmetallteile, Kniekissen, Stoplicht, reichhaltiges Werkzeug, Luftpumpe, Diebstahlsicherung.

Telegrammwort: **TESEX**

KS 601 mit TR 500 Seitenwagen,
das leistungsfähige Gespann für den harten Alltag.

Ein schnelles Motorrad mit bulligen Kräften und ein geräumiger, äußerst bequem ausgestatteter Beiwagen mit großer Bodenfreiheit ergeben ein Fahrzeug, das nahezu allen erdenklichen Anforderungen gerecht wird. Als Transportfahrzeug wie im Behördenbetrieb, auf Reisen mit schwerem Gepäck und Expeditionen gleichermaßen bewährt, ist ihm keine Straße zu schlecht und kaum ein Berg zu steil. Spielend werden damit Schwierigkeiten gemeistert, die sonst unüberwindlich erscheinen.
Das richtige Gespann für Fahrer, die ihr Fahrzeug unter Ausnutzung der großen Zuladefähigkeit schonungslos strapazieren müssen, darüber hinaus aber Wert auf besonders bequeme Personenbeförderung legen.

KS 601 mit S 500 L Seitenwagen,
das schnelle Gespann für anspruchsvolle Sportfahrer.

Ungewöhnliche Eleganz paart sich hier mit überlegener Schnelligkeit, erstaunliche Beschleunigung mit überraschenden Bremskräften. Die weiche Allradfederung und der reich gebotene Komfort lassen das Fahren auch auf langen Reisestrecken bei hohen Durchschnitten zum Genuß werden.
Wer Freude am Gespannfahren, an Schnelligkeit und Schönheit hat, der wird sich gern für dieses Modell entscheiden.

1951 löste die DB 202 die 201 ab. Diese Maschine basierte zwar auf ihrem Vorgängermodell, hatte aber ein Viergang-Ziehkeilgetriebe sowie Fußschaltung. Auch diese klassische Zweihunderter erwarb sich viele Freunde und wird heute als Liebhaberobjekt unter Veteranenfreunden gehandelt ...

Prospekt für die Nachfolgerin der DB 201 von 1951. Sie hatte als Neuerung ein fußgeschaltetes Viergang-getriebe.

ZÜNDAPP

Technis

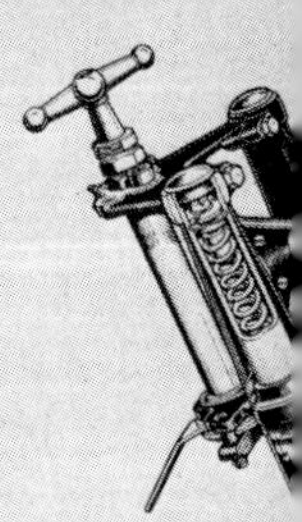

Motor: Zündapp-Zweitakt-Blockmotor 7,5 PS, Bohrung 60 mm, Hub 70 mm, Hubraum 198 ccm. Gemischschmierung. Vergaser mit getrennter Luftregulierung und großem Luftfilter, Kraftstoff-Normverbrauch: 2,6 Liter / 100 km.

Getriebe und Antrieb: Zündapp-Viergang-Getriebe, Fußschaltung ❹ Getriebe mit Motor im gemeinsamen Block ❶. Übersetzungen 1:3,14 – 1,964 – 1,528 – 1. Untersetzung vom Motor zum Getriebe 1:2,18. Untersetzung vom Getriebe zum Hinterrad 1:2,688. Mehrscheibenkupplung in Öl laufend, Hinterradkette.

Fahrgestell, Abmessungen usw.: Offener Doppelrohrrahmen verschraubt, Mittelständer, Lenker und Fußrasten verstellbar, wirkungsvoller Kettenschutz, Hinterrad mit Steckachse, aufklappbares

202 7,5 PS

zelheiten

Hinterradschutzblech ❸. Großer Druckfeder-Gummisattel, Teleskopvordergabel, auseinandernehmbare Auspufftöpfe, große Innenbackenbremsen. Bequeme Lage aller Bedienungsorgane ❷. Tiefbettfelge 1,85B×19 mit Stahlseil-Ballonreifen 3,25×19. Radstand ca. 1300 mm (Hinterrad verstellbar). Größte Länge 2000 mm, größte Breite 700 mm, größte Höhe 900 mm, Sattelhöhe 720 mm, Bodenfreiheit 130 mm, Höchstbelastung 160 kg, Gesamtgewicht fahrfertig mit vollem Tank 128 kg, Tankinhalt 12 Liter, Höchstgeschwindigkeit bis 85 km/Stunden.

Ausstattung: Batterie-Lichtzündanlage 45/60 Watt mit 35/35 Watt Bilux-Glühlampe. Beleuchtbares Tachometer im Scheinwerfer. Beste Hochglanzlackierung, reichlich verchromt, Kniekissen, reichhaltiges Werkzeug ❻, Luftpumpe, Steuerungsdämpfer, Aufnahme für mitlieferb. Diebstahlschloß ❺.

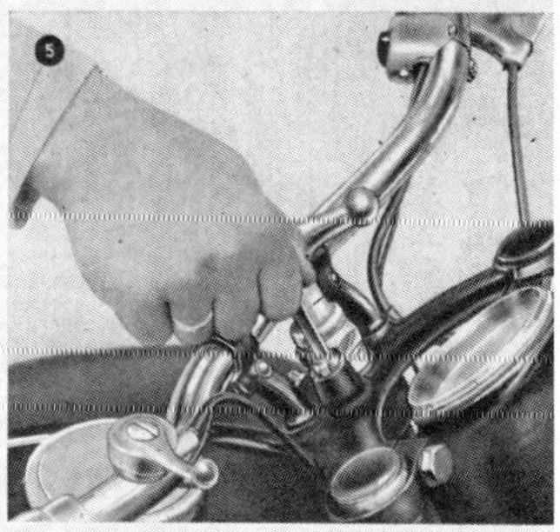

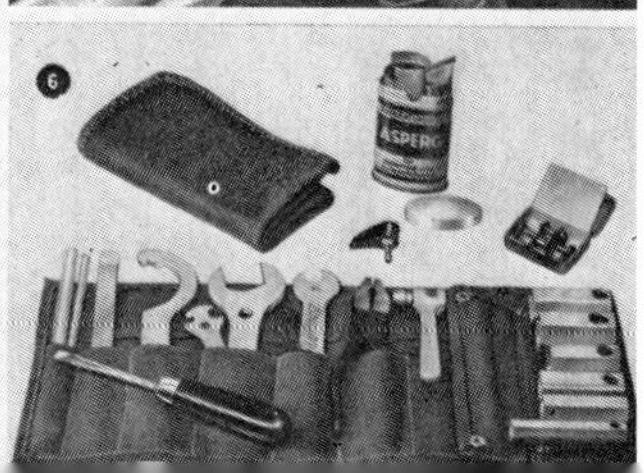

In gewohnter Ausführlichkeit beschrieb der 202-Prospekt alle Details dieser Maschine. Im Mittelpunkt die Teleskopgabel.

Einzigartig in der Geschichte des deutschen Motorradbaues ist der Werdegang der Zündapp DB-Modelle, deren Grundkonstruktion – weit vorausschauend entwickelt – jede Anpassung an technische Neuerungen und Erkenntnisse erlaubte. Viele Jahre hindurch haben sie sich immer neue Freunde im In- und Ausland geschaffen und erhalten, denen die Zuverlässigkeit ihrer DB's im täglichen Gebrauch zum festen Begriff geworden ist.

Das neue DB-Modell DB 202 ist nicht nur eine bis ins Letzte ausgereifte Gebrauchsmaschine, sondern hat nunmehr zu den bisherigen Vorzügen auch noch durch das günstig abgestufte Vierganggetriebe und die gutliegende Fußschaltung eine sportliche Note erhalten, die den Wünschen all unserer Freunde gerecht wird. Siegreich seit ihrem Debut hat sie die schwersten Wettbewerbe dieses Jahres bestritten und damit alle die Eigenschaften unter Beweis gestellt, die ein Käufer beim Erwerb eines neuen Modells erwartet.

Ansprechende äußere Formen, vorzügliche Straßenlage, bequeme Sitzposition und Handhabung aller Bedienungsorgane sowie erstaunliche Beschleunigung des robusten 7,5-PS-Zweitaktmotors und größtes Stehvermögen auf längsten Vollgasstrecken bei denkbar niedrigem Verbrauch kennzeichnen besonders den hohen Gebrauchswert dieses Modells und seine Eignung zur sportlichen Fahrweise.

Mit Vierganggetriebe

Motor: Zündapp-Zwe
raum 198 ccm. Gemi
und großem Luftfilte

Getriebe und Antrie
mit Motor im geme
Untersetzung vom M
zum Hinterrad 1:2,68

Fahrgestell, Abmess
Mittelständer, Lenke
Hinterrad mit Stec
Druckfeder-Gummisa

Robüster Motor

Für Sport, Tourenfahrten, Arbeitsalltag oder Behördendienste gleichermaßen geeignet – so lautete die Zündapp-Werbung für die DB 202. Es gab diese Maschine bis Ende 1952.

ZÜNDAPP
DB 202

und Fußschaltung

TECHNISCHE EINZELHEITEN

›tor 7,5 PS, Bohrung 60 mm, Hub 70 mm, Hub-
g. Vergaser mit getrennter Luftregulierung
Normverbrauch: 2,6 Liter/100 km.

Viergang-Getriebe, Fußschaltung, Getriebe
›ck. Übersetzungen 1:3,14—1,964—1,258—1.
›triebe 1:2,18. Untersetzung vom Getriebe
›enkupplung in Öl laufend, Hinterradkette.

: Offener Doppelrohrrahmen verschraubt,
en verstellbar, wirkungsvoller Kettenschutz,
klappbares Hinterradschutzblech. Großer
›p-Vordergabel, zerlegbare Auspufftöpfe,

große Innenbackenbremsen. Bequeme Lage aller Bedienungsorgane. Tiefbettfelge 1,85 B × 19 mit Stahlseil-Ballonreifen 3,25 × 19. Radstand ca. 1300 mm (Hinterrad verstellbar). Größte Länge 2000 mm, größte Breite 700 mm, größte Höhe 900 mm, Sattelhöhe 720 mm, Bodenfreiheit 130 mm, Höchstbelastung 160 kg, Gesamtgewicht fahrfertig mit vollem Tank 128 kg, Tankinhalt 12 Liter, Höchstgeschwindigkeit bis 85 km/Stunden.

Ausstattung: Batterie-Lichtzündanlage 45/60 Watt mit 35/35 Watt Bilux-Glühlampe. Beleuchtbares Tachometer im Scheinwerfer. Beste Hochglanzlackierung, reichlich verchromt, Kniekissen, reichhaltiges Werkzeug, Luftpumpe, Steuerungsdämpfer, Aufnahme für mitlieferbares Diebstahlschloß.

Telegrammwort: Defu

eme Fahrweise | *Beste Straßenlage* | *Hohe Durchschnitte*

Flotte Biene namens Norma

1952 brachte Zündapp die Norma 204 heraus, ein Parallelmodell zur Comfort und mit 8,3 PS gut 90 km/h schnell. Das praktische Gebrauchsmotorrad Norma gab sich schlicht und ohne großen Chromschmuck, die Maschine war dennoch flott und so etwas wie eine „treue Seele“. Die Einheitslackierung: Schwarz.

Erkennbar an der Einport-Auspuffanlage: die Zündapp Norma, eine 198-ccm-Zweitakter wie die 202. Der Telegrammbote war keine Erfindung des Grafikers: Die Bundespost war guter Kunde bei Zündapp!

lorma

Teleskop-Vordergabel, zerlegbarer neuartiger Auspufftopf, wirkungsvolle Innenbackenbremsen, 1 Benzinhahn. Bequeme Lage aller Bedienungsorgane. Tiefbettfelgen 1,85 B × 19 mit Stahlseil-Ballonreifen 3,00—19. Radstand ca. 1315 mm (Hinterrad verstellbar). Größte Länge ca. 2000 mm, größte Breite 700 mm, größte Höhe ca. 920 mm, Sattelhöhe 720 mm, Bodenfreiheit ca. 125 mm. Zulässige Höchstbelastung 157 kg, Leergewicht fahrfertig mit vollem Tank 122 kg, Tankinhalt 12 Ltr.

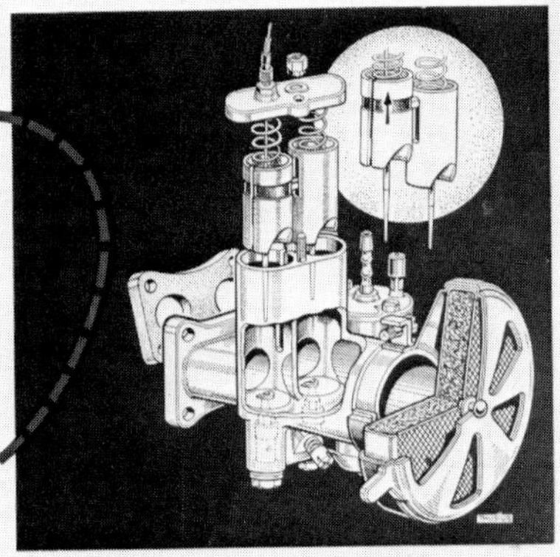

Der neue Doppel-Vergaser mit 2 Ansaugkanälen.

Ausstattung: Batterie-Lichtzündanlage 45/60 Watt mit 35/35 Watt Bilux-Glühlampe. Beleuchtbares Tachometer im Scheinwerfer. Beste Hochglanzlackierung, Lenker, Lichtmaschinendeckel und Auspuffrohr verchromt, reichhaltiges Werkzeug, Luftpumpe, Aufnahme für mitlieferbares Diebstahlschloß. Lackierung: schwarz.

Telegrammwort: DENOR

vergaser mit Startschieber am großdimen-
einfemel), 8,3 PS bei 4600 U/min., Gemisch-
Std. (aufrecht sitzend), 95 km/Std. (liegend).

mit Motor im gemeinsamen Block, Über-
zung vom Getriebe zum Hinterrad 1:2,688.
g in Öl laufend. Hinterradkette.

gen usw.: Offener Doppelrohrrahmen ver-
r, Lenker und Fußrasten verstellbar, wir-
utz, Hinterrad mit Steckachse, Hinterrad-
bar, großer Druckfeder-Gummisattel mit
er Sattelnase, Kniekissen.

VFM-Typwertung
geprüft durch den vereidigten Sachverständigen
des VFM.

Änderungen vorbehalten.

Komfortable Comfort

Die elegante Schwester der Norma hieß Comfort, gebaut 1952/53. Ihrem Namen wurde diese Zündapp durch ihre Fahreigenschaften durchaus gerecht.

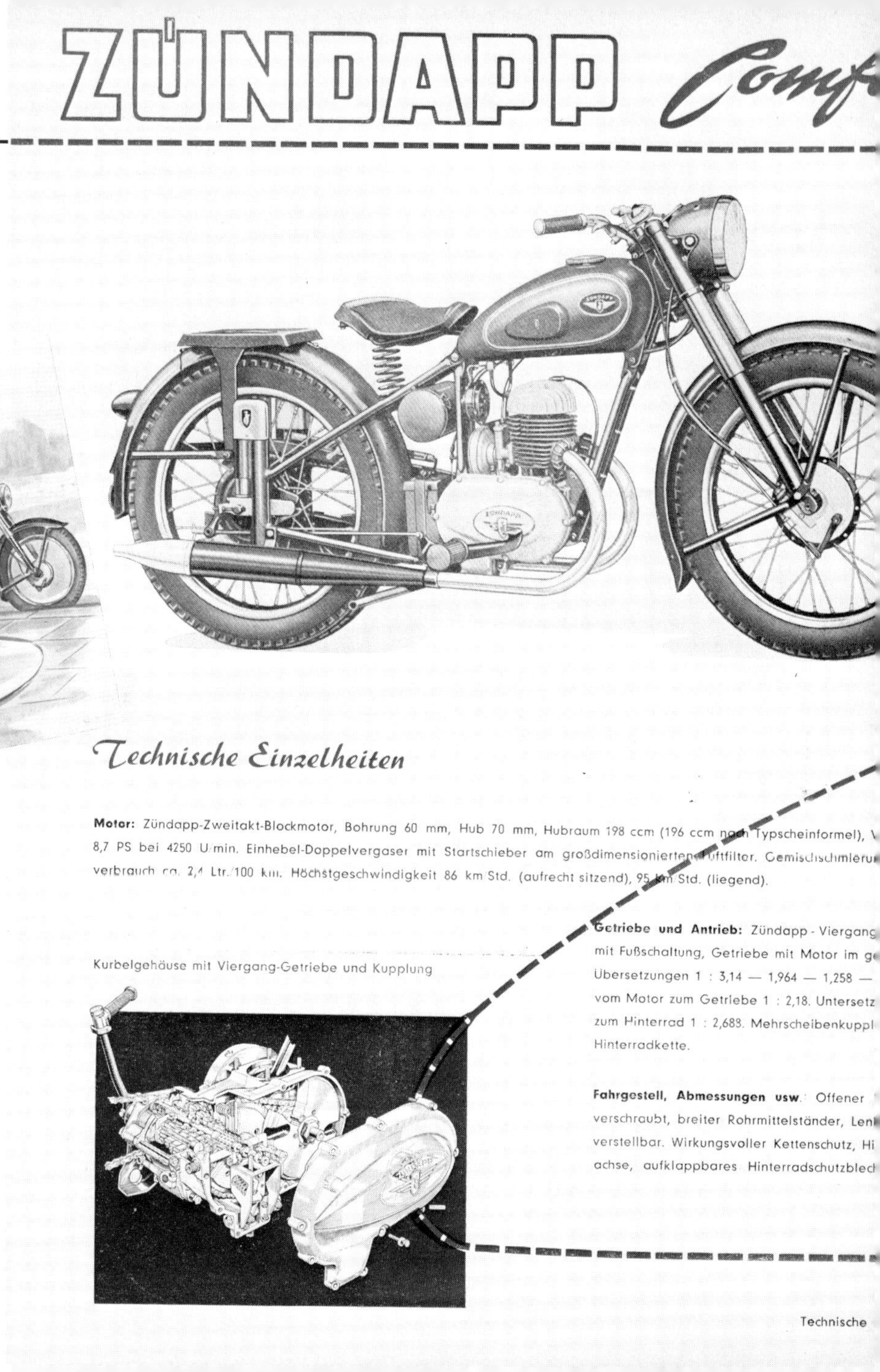

ZÜNDAPP Comf

Technische Einzelheiten

Motor: Zündapp-Zweitakt-Blockmotor, Bohrung 60 mm, Hub 70 mm, Hubraum 198 ccm (196 ccm nach Typscheinformel), V
8,7 PS bei 4250 U/min. Einhebel-Doppelvergaser mit Startschieber am großdimensionierten Luftfilter. Gemischschmierun
verbrauch ca. 2,4 Ltr./100 km. Höchstgeschwindigkeit 86 km/Std. (aufrecht sitzend), 95 km/Std. (liegend).

Getriebe und Antrieb: Zündapp - Viergang
mit Fußschaltung, Getriebe mit Motor im ge
Übersetzungen 1 : 3,14 — 1,964 — 1,258 —
vom Motor zum Getriebe 1 : 2,18. Untersetz
zum Hinterrad 1 : 2,688. Mehrscheibenkuppl
Hinterradkette.

Kurbelgehäuse mit Viergang-Getriebe und Kupplung

Fahrgestell, Abmessungen usw.: Offener
verschraubt, breiter Rohrmittelständer, Lenk
verstellbar. Wirkungsvoller Kettenschutz, Hi
achse, aufklappbares Hinterradschutzblech

Technische

Die ab 1952 gebaute 203 Comfort war konstruktiv mit der DB 202 verwandt, hatte auch deren Doppelport-Motor, aber eine Jurisch-Geradwegfederung am Hinterrad.

feder-Gummisattel mit Drehpunkt weit vor der Sattelnase, Teleskopvordergabel, Teleskophinterradfederung, zerlegbare Auspufftöpfe, langer Fußbremshebel, wirkungsvolle Innenbackenbremsen, bequeme Lage aller Bedienungsorgane. Tiefbettfelgen 1,85 B x 19 mit Stahlseil-Ballonreifen 3,25 — 19. Radstand ca. 1315 mm (Hinterrad verstellbar). Größte Länge ca. 2000 mm, größte Breite 700 mm, größte Höhe ca. 920 mm, Sattelhöhe 720 mm, Bodenfreiheit ca. 165 mm. Höchstbelastung 157 kg, Leergewicht fahrfertig mit vollem Tank 130 kg, Tankinhalt 12 Ltr.

Der neue Doppel-Vergaser mit 2 Ansaugkanälen

Ausstattung: Batterie-Lichtzündanlage 45/60 Watt mit 35/35 Watt Bilux-Glühlampe, Einbaumöglichkeit einer 14 Amp. Std. Batterie als Voraussetzung für Zusatzbeleuchtungen, beleuchtbares Tachometer im Scheinwerfer, Kniekissen, Steuerungsdämpfer, 2 Benzinhähne zur restlosen Entleerung des Tankes, langer Fußschalthebel. Überaus reiche Verchromung und viele polierte Teile, beste Hochglanzlackierung, reichhaltiges Werkzeug, Luftpumpe, Aufnahme für mitlieferbares Diebstahlschloß. Lackierung: schwarz.

Telegrammwort: DECOM

,1,
m-

oe
ck.
ng
be
ıd,

en
en
ck-
ck-

Änderungen vorbehalten
den vereidigten Sachverständigen des VFM überprüft

Oben und links: Werbung für die Comfort. Reisen in den Süden standen hoch im Kurs; Italien erlebte die erste Invasion deutscher Touristen . . .

Rechts: 1953 feierte man bei Zündapp die 400 000. Maschine. Wie stets bei Produktionsjubiläen, gab es einen Sonderprospekt mit historischer Rückblende.

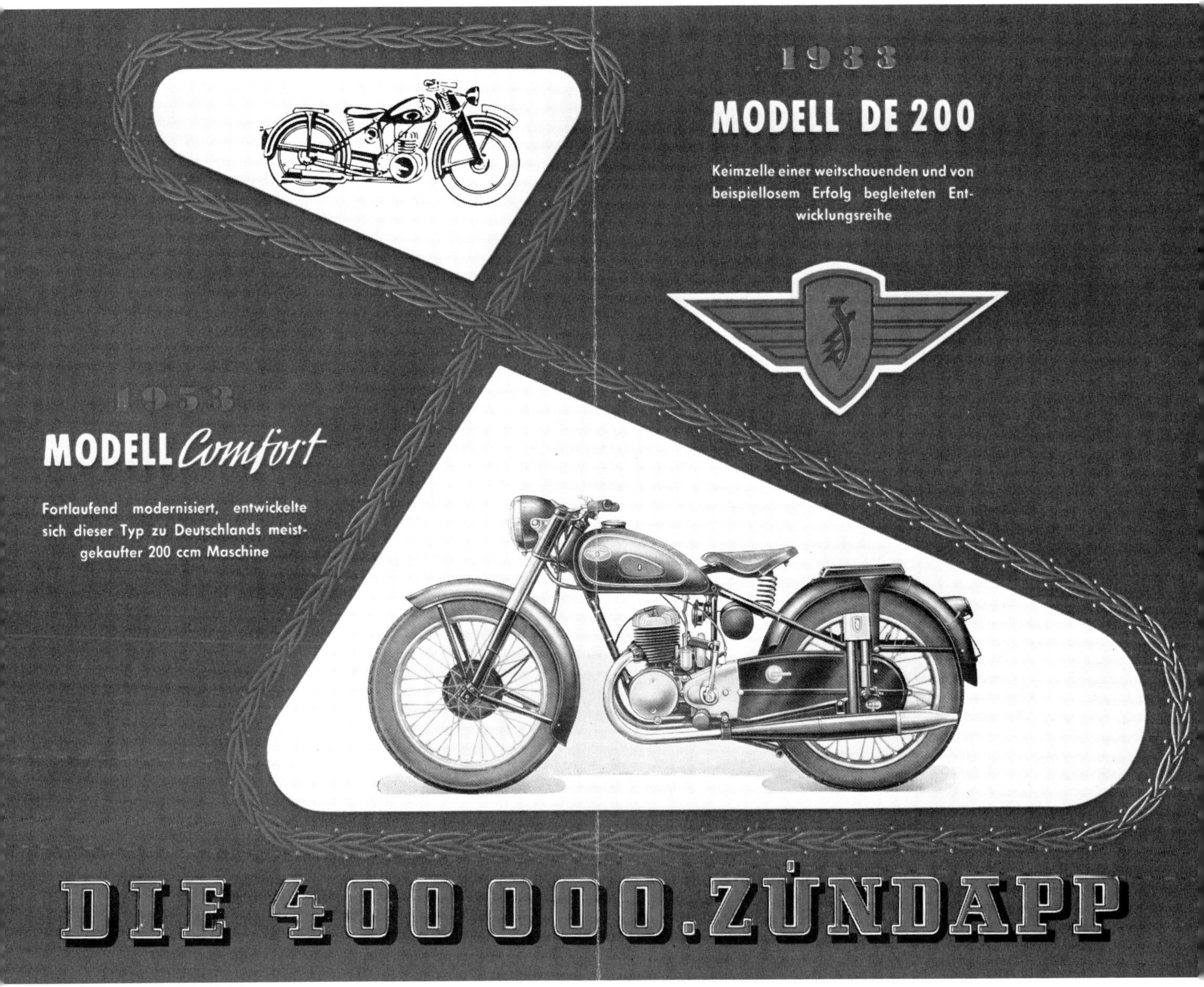

1933
MODELL DE 200
Keimzelle einer weitschauenden und von beispiellosem Erfolg begleiteten Entwicklungsreihe
1953
MODELL Comfort
Fortlaufend modernisiert, entwickelte sich dieser Typ zu Deutschlands meistgekaufter 200 ccm Maschine
DIE 400 000. ZÜNDAPP

Die 1953 bis 1955 gebaute Norma Luxus wurde in der Zündapp-Werbung auch unter der Bezeichnung DB 234 Luxus bezeichnet, wie diese beiden ansonsten absolut identischen Prospekte beweisen.

Die Elastic-Baureihe 1953

1953 ging die Zündapp Elastic in Produktion. Zunächst gab es ein 200-ccm-Modell, ein Jahr später auch eine 250er, beides Zweitakter mit geschlossenem Kettenkasten, der von jetzt an bei allen Maschinen zu finden war. Ihren Namen trugen diese Modelle wegen des neuen Zentralrohrrahmens mit lastabhängigen Federbeinen, die sich gegen Heckausleger aus Leichtmetall abstützten und für eine besonders gute Straßenlage sorgten. Der Motor saß nach vorn geneigt im Rahmen – ganz im klassischen Sloper-Stil.

Elastic

TECHNISCHE EINZELHEITEN

Motor: Zündapp-Zweitakt-Blockmotor, Bohrung 60 mm, Hub 70 mm, Hubraum 198 ccm (196 ccm nach Typscheinformel), Verdichtung 1:6,1, 9,5 PS bei 4700 U/min. Einhebel-Doppelvergaser mit großem Ansauggeräuschdämpfer und Startschieber. Gemischschmierung, Kraftstoffnormverbrauch (gemessen bei 2/3 der Spitzengeschwindigkeit + 10%) ca. 2,1 Ltr./100 km. Höchstgeschwindigkeit 92 km/h (aufrecht sitzend), 101 km/h (liegend).

Getriebe und Antrieb: Zündapp-Viergang-Ziehkeilgetriebe mit Fußschaltung, Getriebe mit Motor im gemeinsamen Block. Übersetzungen 1:3,14 — 1,964 — 1,405 — 1,00. Untersetzung vom Motor zum Getriebe 1:2,18. Untersetzung vom Getriebe zum Hinterrad 1:2,875. Mehrscheibenkupplung in Öl laufend, Hinterradkette.

Fahrgestell, Abmessungen usw.: Zentralrohrrahmen, langhubige Teleskopgabel, breitgelagerte Hinterradschwinge, öldauergeschmiert mit verstellbaren ölgedämpften Federbeinen, 96 mm Gesamtfederweg. 160 mm Vollnabenbremsen. Breiter Rohrmittelständer, Lenker und Fußrasten verstellbar, geschlossener Kettenkasten, Hinterrad mit Steckachse, abnehmbares Hinterradschutzblechende. Großer Schaumgummisattel, zusätzlich spiralgefedert und aufklappbar, zerlegbarer Auspufftopf, langer Fußbremshebel mit regulierbarem Anschlag, bequeme Lage aller Bedienungsorgane. Tiefbettfelgen 1,85 B × 19 mit Stahlseil-Ballonreifen, vorn 3,00 — 19, hinten 3,25 — 19. Radstand ca. 1350 mm. (Hinterrad verstellbar), größte Länge 2070 mm, größte Breite ca. 700 mm, größte Höhe ca. 940 mm, Sattelhöhe ca. 740 mm, Bodenfreiheit ca. 160 mm. Höchstbelastung 156 kg, Leergewicht fahrfertig mit vollem Tank 141 kg, Tankinhalt 15,5 Ltr.

Ausstattung: Batterie-Lichtzündanlage 45/60 Watt mit 35/35 Watt Bilux-Glühlampe, Brems- und Kupplungsbowdenzüge an den Griffen verstellbar, beleuchtetes Tachometer im Scheinwerfer, Steuerungsdämpfer, je nach Belastung verstellbare Federbeine, überraschend leises Ansaug- und Auspuffgeräusch. Überaus reiche Verchromung und viele polierte Teile, beste Hochglanzlackierung, reichhaltiges Werkzeug und Luftpumpe staubfrei unter dem Sattel unter Verschluß, Diebstahlschloß. Lackierung schwarz. Gegen Aufpreis Lieferung in farbiger Lackierung.

Änderungen vorbehalten!

VFM-Typwertung geprüft
durch den vereidigten Sachverständigen des VFM

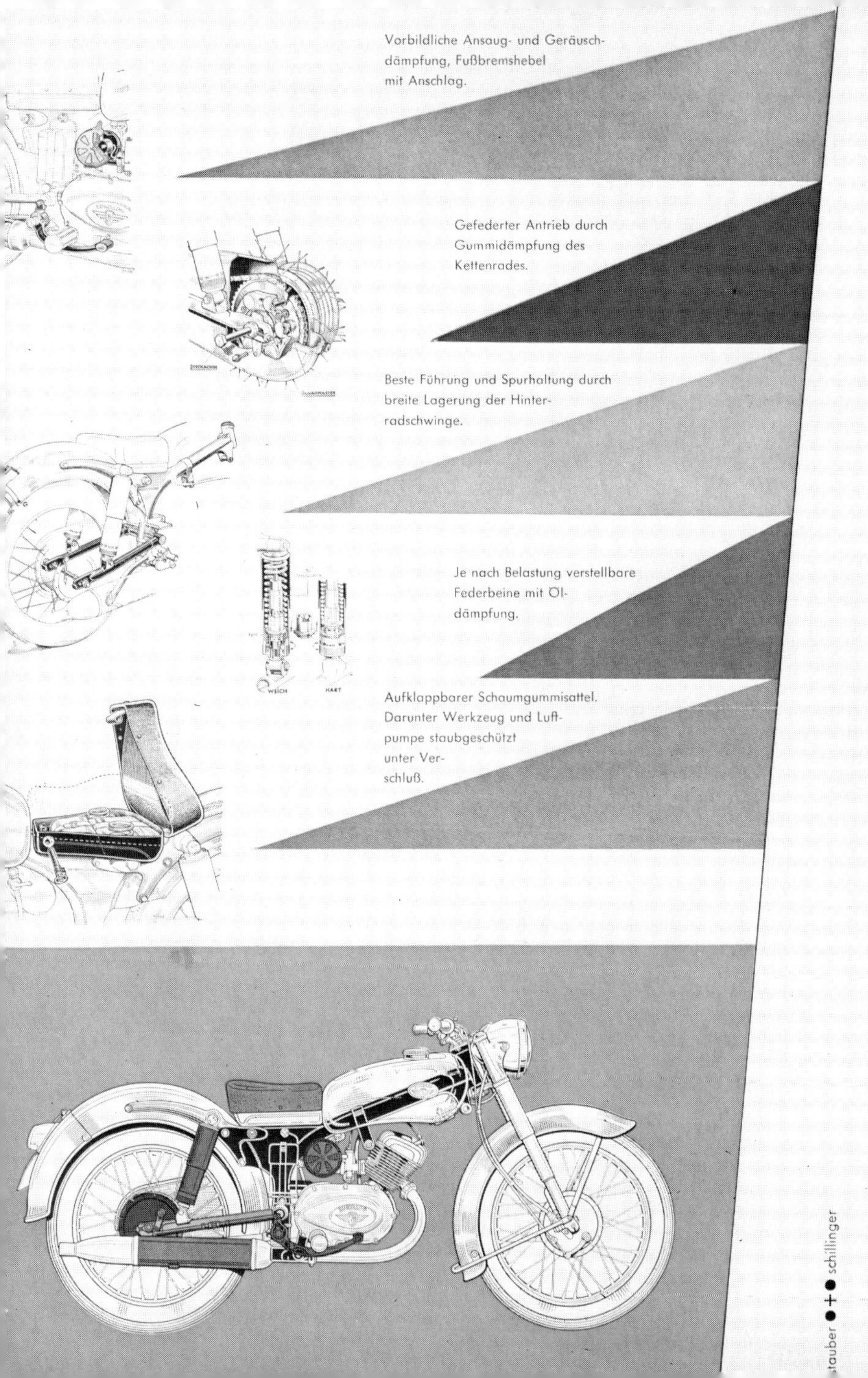

1953

Vieles war neu an der Zündapp Elastic, wie dieser Prospekt erkennen läßt. Der herkömmliche Sattel war von einem aufklappbaren Sitz abgelöst worden, es gab eine neue Hinterrad-federung/-dämpfung, einen schräg-gestellten Motor, einen neuen Rahmen, eine neue Tankform . . .

1953

Die ZÜNDAPP-ELASTIC, allen Anforderungen als Gespannmaschine gewachsen, überrascht durch hohe Motorleistung, Bergfreudigkeit, ungewöhnliche Straßenhaftung und besondere Kurvenfestigkeit.
ZÜNDAPP-WERKE GMBH. NÜRNBERG-MÜNCHEN
Werk Nürnberg
2051

ZÜNDAPP
Elastic

Elastic
200 ccm
Beste Führung u. Spurhaltung durch breite Lagerung der Hinterradschwinge

Wirkungsvolle Ansauggeräuschdämpfung durch neuartiges Flöten-System (250 ccm)

Aufklappbarer Schaumgummisattel. Darunter Werkzeug und Luftpumpe staubgeschützt unter Verschluß

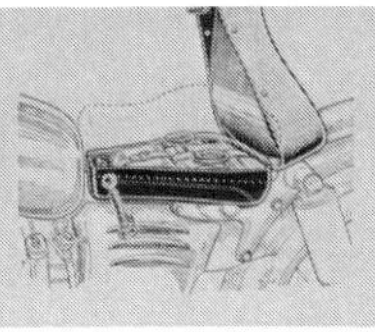

Gefederter Antrieb durch Gummidämpfung des Kettenrades

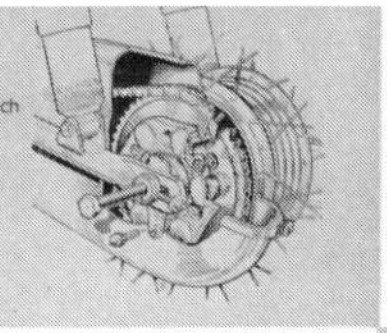

50 ccm

TECHNISCHE EINZELHEITEN

Motor:

200 ccm
Zündapp-Zweitakt-Blockmotor, Bohrung 60 mm, Hub 70 mm, Hubraum 198 ccm (196 ccm nach Typscheinformel), Verdichtung 1:6,1, 9,5 PS bei 4700 U/min, Einhebel-Doppelvergaser mit großem Ansauggeräuschdämpfer und Luftschieber, Gemischschmierung, Kraftstoff-Normverbrauch ca. 2,1 Ltr./100 km, Höchstgeschwindigkeit 92 km/h (aufrecht sitzend), 101 km/h (liegend).

250 ccm
Zündapp-Zweitakt-Blockmotor, Bohrung 67 mm, Hub 70 mm, Hubraum 246 ccm (245 ccm nach Typscheinformel), Verdichtung 1:6,7, 13 PS bei 5200 U/min, Zweischieber-Schrägdüsenvergaser mit besonders wirkungsvollem Ansauggeräuschdämpfer, Gemischschmierung, Kraftstoff-Normverbrauch ca. 3 Ltr./100 km, Höchstgeschwindigkeit 100 km/h (aufrecht sitzend), 110 km/h (liegend).

Getriebe und Antrieb:
Zündapp-Viergang-Ziehkeilgetriebe mit Fußschaltung, Getriebe mit Motor im gemeinsamen Block. Übersetzungen 1:3,14 — 1,964 — 1,405 — 1,00, Mehrscheibenkupplung in Öl laufend, Hinterradkette.

200 ccm
Untersetzung vom Motor zum Getriebe 1:2,18, Untersetzung vom Getriebe zum Hinterrad 1:2,875.

250 ccm
Untersetzung vom Motor zum Getriebe 1:1,78, Untersetzung vom Getriebe zum Hinterrad 1:3,44.

Fahrgestell, Abmessungen usw.:
Zentralrohrrahmen; langhubige Teleskopgabel; breitgelagerte Hinterradschwinge: öldauergeschmiert mit verstellbaren ölgedämpften Federbeinen, 96 mm Gesamtfederweg; breiter Rohrmittelständer; Lenker und Fußrasten verstellbar; geschlossener Kettenkasten; Hinterrad mit Steckachse; abnehmbares Hinterradschutzblechende; großer Schaumgummisattel, zusätzlich spiralgefedert und aufklappbar; zerlegbarer Auspufftopf; langer Fußbremshebel mit regulierbarem Anschlag; bequeme Lage aller Bedienungsorgane, Tiefbettfelgen 1,85 B × 19 mit Stahlseil-Ballonreifen, vorn 3,00-19, hinten 3,25-19; Radstand ca. 1350 mm (Hinterrad verstellbar); größte Länge 2070 mm; größte Breite 700 mm; größte Höhe ca. 940 mm; Sattelhöhe ca. 740 mm; Bodenfreiheit ca. 160 mm; Höchstbelastung 156 kg; Tankinhalt 14,7 Ltr.

200 ccm
160 mm Vollnabenbremsen, 25 mm breit belegt; Leergewicht fahrfertig mit vollem Tank 141 kg.

250 ccm
160 mm Vollnabenbremsen, 30 mm breit belegt; Leergewicht fahrfertig mit vollem Tank 147 kg.

Ausstattung:
Batterie-Lichtzündanlage 45/60 Watt mit 35/35 Watt Bilux-Glühlampe, Brems- und Kupplungsbowdenzüge an den Griffen verstellbar, beleuchtetes Tachometer im Scheinwerfer, Steuerungsdämpfer, je nach Belastung verstellbare Federbeine, überraschend leises Ansaug- und Auspuffgeräusch (bei der „Elastic 250" Ansauggeräuschdämpfung durch neuartiges Flötensystem), überaus reiche Verchromung und viele polierte Teile, beste Hochglanzlackierung, reichhaltiges Werkzeug und Luftpumpe unter dem Sattel verschließbar, Diebstahlschloß, Lackierung schwarz, gegen Aufpreis Lieferung in farbiger Lackierung.

250 ccm: mit elektrischer Leerlaufanzeige und der starken 60/90 Watt Lichtanlage.

Änderungen vorbehalten!

VFM-Typwertung geprüft durch den vereidigten Sachverständigen des VFM

Vorbildliche Auspuffgeräuschdämpfung. Langer Fußbremshebel mit Anschlag

200 S, 201 S, 250 S

Als Nachfolgerin der Elastic erschien 1954 die 200 S. Konstruktiv war diese Maschine mit der Elastic eng verwandt, wies aber einen stärker verkleideten Rahmen auf, dessen Heckteil aus konisch geformten Rohren bestand. Die neue S-Reihe – der 200 S folgten alsbald die 201 S und 1956 eine 250 S – mit ihren zuverlässigen Zweitaktmotoren, gut für 100 bis 110 km/h, schuf sich viele treue Zündapp-Freunde.

Eine neue Generation wurde 1955 mit der S-Reihe präsentiert. Der grafische Stil der Werbung orientierte sich allerdings noch an älteren Vorbildern.

Oben: Sorglose Hemdsärmeligkeit machte Motorradfahren in den frühen fünfziger Jahren noch immer zum Vergnügen. Von Schutzhelm und Kombi war keine Rede.

ZÜNDAPP 201 S

Elegante Verschalungen, ein schwingengefedertes, sportliches Fahrwerk und die verhaltene Kraft des 12-PS-Motors lassen die Rasanz der ZÜNDAPP „201 S" schon beim Anblick ahnen.

Schon bei der ersten Vergleichsfahrt wird die äußere Verheißung Bestätigung finden.

TECHNISCHE EINZELHEITEN

Motor: Zweitaktmotor 199,5 ccm; Verdichtungsverhältnis 1 : 6,5; Höchstleistung 12 PS bei 5400 U/min; Kraftstoff-Normverbrauch 3,2 Ltr./100 km*; Höchstgeschwindigkeit bis 100 km/h (aufrecht sitzend); Gemischschmierung 1 : 25; Licht-Batteriezündung; Scheibendynamo 60/90 Watt; Bilux-Glühlampe 35/35 Watt; Zweischieber-Vergaser Bing 2/24/42; besondere Führung der Ansaugluft.

Getriebe: Untersetzung Motor/Getriebe 1 : 2,18; Untersetzung Getriebe/Hinterrad 1 : 2,75; Gesamtübersetzungen Motor/Hinterrad: 4. Gang 6,00; 3. Gang 8,43; 2. Gang 11,79; 1. Gang 18,85.

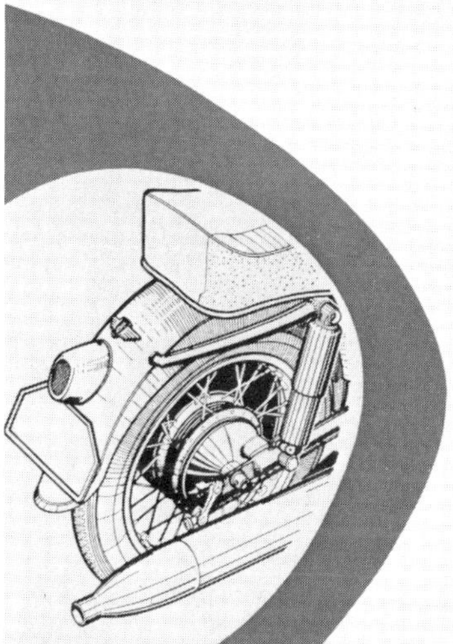

Ausstattung: Verstellbarer Scheinwerfer-Spiegel; elektr. Leerlaufanzeige und Kontrollampe im Scheinwerfer; wasserdichte Verschließbarkeit des Zündschlosses; Diebstahlsicherung; schaumgummigepolsterte Sitzbank; Bremslicht; geschlossener Kettenkasten; besonders tief heruntergezogene Kotflügel; Lackierung schwarz, gegen Aufpreis metallglanzblau.

* Verbrauch bei 2/3 der gestoppten Höchstgeschwindigkeit auf ebener, trockener Straße bei Windstille + 10%.

Fahrwerk: Zentralrohrrahmen; Vordergabel-Langarmschwinge mit Ölstoßdämpfer, 140 mm Federweg; Hinterrad-Schwinge mit Federbeinen (verstellbar) und Ölstoßdämpfern, 80 mm Federweg; Bereifung 3,25-16; Vollnaben-ALU-Bremsen 160 mm ∅; Radstand 1260 mm; Sitzbankhöhe 750 mm; Tankinhalt 13,5 Ltr.; Leergewicht 133 kg mit Kraftstoff und Werkzeug; vorne und hinten Steckachsen; hydraulischer Lenkungsdämpfer (gegen Aufpreis).

Telegrammwort: ZWOES

Änderungen vorbehalten

VFM-Typwertung geprüft durch den vereidigten Sachverständigen des VFM.

ZÜNDAPP-WERKE GMBH
NÜRNBERG-MÜNCHEN
WERK NÜRNBERG

Zu beziehen durch:

2264

Die 201 S wies leichte Unterschiede in der Verkleidung sowie an der Vorderradführung auf, wie dieser Prospekt zeigt.

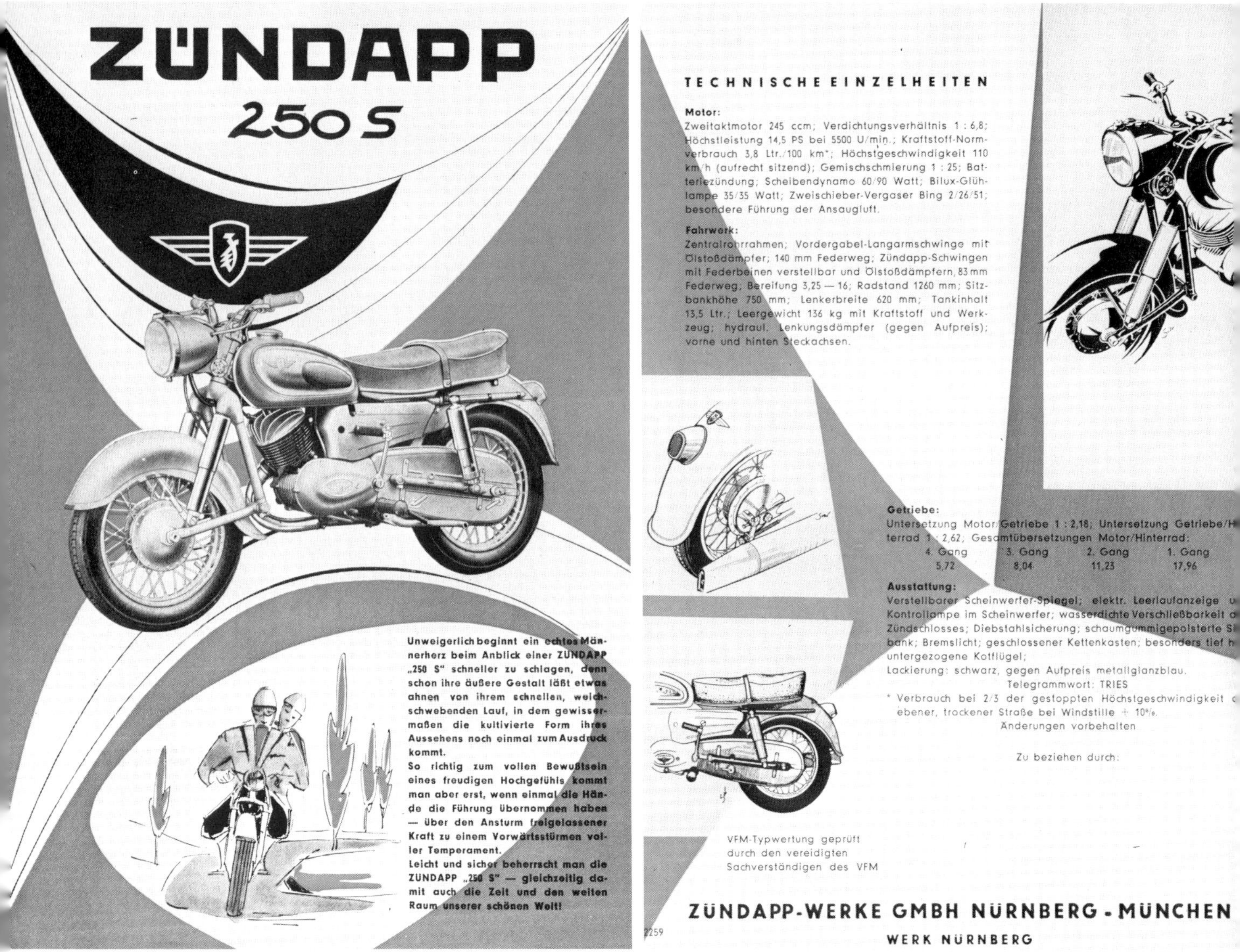

ZÜNDAPP

250 S

Unweigerlich beginnt ein echtes Männerherz beim Anblick einer ZÜNDAPP „250 S" schneller zu schlagen, denn schon ihre äußere Gestalt läßt etwas ahnen von ihrem schnellen, weichschwebenden Lauf, in dem gewissermaßen die kultivierte Form ihres Aussehens noch einmal zum Ausdruck kommt.
So richtig zum vollen Bewußtsein eines freudigen Hochgefühls kommt man aber erst, wenn einmal die Hände die Führung übernommen haben — über den Ansturm freigelassener Kraft zu einem Vorwärtsstürmen voller Temperament.
Leicht und sicher beherrscht man die ZÜNDAPP „250 S" — gleichzeitig damit auch die Zeit und den weiten Raum unserer schönen Welt!

TECHNISCHE EINZELHEITEN

Motor:
Zweitaktmotor 245 ccm; Verdichtungsverhältnis 1 : 6,8; Höchstleistung 14,5 PS bei 5500 U/min.; Kraftstoff-Normverbrauch 3,8 Ltr./100 km*; Höchstgeschwindigkeit 110 km/h (aufrecht sitzend); Gemischschmierung 1 : 25; Batteriezündung; Scheibendynamo 60/90 Watt; Bilux-Glühlampe 35/35 Watt; Zweischieber-Vergaser Bing 2/26/51; besondere Führung der Ansaugluft.

Fahrwerk:
Zentralrohrrahmen; Vordergabel-Langarmschwinge mit Ölstoßdämpfer; 140 mm Federweg; Zündapp-Schwingen mit Federbeinen verstellbar und Ölstoßdämpfern, 83 mm Federweg; Bereifung 3,25 — 16; Radstand 1260 mm; Sitzbankhöhe 750 mm; Lenkerbreite 620 mm; Tankinhalt 13,5 Ltr.; Leergewicht 136 kg mit Kraftstoff und Werkzeug; hydraul. Lenkungsdämpfer (gegen Aufpreis); vorne und hinten Steckachsen.

Getriebe:
Untersetzung Motor/Getriebe 1 : 2,18; Untersetzung Getriebe/Hinterrad 1 : 2,62; Gesamtübersetzungen Motor/Hinterrad:

4. Gang	3. Gang	2. Gang	1. Gang
5,72	8,04	11,23	17,96

Ausstattung:
Verstellbarer Scheinwerfer-Spiegel; elektr. Leerlaufanzeige u. Kontrollampe im Scheinwerfer; wasserdichte Verschließbarkeit d. Zündschlosses; Diebstahlsicherung; schaumgummigepolsterte Sitzbank; Bremslicht; geschlossener Kettenkasten; besonders tief heruntergezogene Kotflügel;
Lackierung: schwarz, gegen Aufpreis metallglanzblau.

Telegrammwort: TRIES

* Verbrauch bei 2/3 der gestoppten Höchstgeschwindigkeit a. ebener, trockener Straße bei Windstille + 10%.

Änderungen vorbehalten

Zu beziehen durch:

VFM-Typwertung geprüft durch den vereidigten Sachverständigen des VFM

ZÜNDAPP-WERKE GMBH NÜRNBERG - MÜNCHEN

WERK NÜRNBERG

2259

Stärkstes Modell der S-Reihe war die 250er mit 14,5 PS bei 5500 Touren. In der Trophy-Version gab es diese Zündapp bis 1963. Typisch auch hier die Langarmschwinge mit Ölstabdämpfer.

175 S, Trophy 175, Trophy 250

Parallel zur 250 S (und eine Weile zur 201 S) gab es auch eine 175-ccm-Maschine dieser Reihe. Mit 10,5 PS war auch dieses Motorrad ausreichend motorisiert und ein flottes Alltags- und Sportvehikel. Mit solchen Maschinen wurde 1957 die deutsche Nationalmannschaft bei den Six Days Klassensieger – daher der später benutzte Zusatzname „Trophy“. Auch eine Trophy 250 wurde gebaut.

Rechts: Es gab in der S-Klasse auch eine 175-ccm-Maschine. Äußerlich glich sie der 200 S. In Trophy-Ausführung gab es sie ebenfalls bis 1963.

Die sportlichen Qualitäten der Zündapp sollten in der Zusatzbezeichnung „Trophy“ zum Ausdruck kommen. Die Grafik in diesem Prospekt von 1958 ist ein letzter Seufzer aus der Nierentisch-Ära . . .

Es ist nicht mehr der Telegrammbote, der rustikale Wanderbursch' oder Bundesbahn-Techniker, der mit dem Namen Zündapp in Verbindung gebracht wird: junge Pärchen – man nannte sie Twens – im Bebop-Look waren gefragt!

Unten: Die 250er Trophy war ein flottes Gefährt, gut für 110 km/h; die 175er brachte es auf 95 „aufrecht sitzend".

„175-Trophy"

Technische Einzelheiten

Motor	
Arbeitsweise	Zweitakt / 1 Zylinder
Hubraum	174 ccm
Verdichtung	1 : 6,8
Motorleistung	10,5 PS bei 5450 U/min
Höchstes Drehmoment	1,64 mkg bei 4200 U/min
Schmierung	Gemisch 1:25 im Kraftstoff
Zündung	Lichtbatteriezündung
Batterie	6 V, 8 Ah
Vergaser	Zweischieber-Vergaser
Kraftübertragung	
Getriebe	4-Gang-Zündapp-Ziehkeilgetriebe
Schaltung	Fußschaltung
Gesamtübersetzungen	1. Gang = 1 : 18,85 2. Gang = 1 : 11,79 3. Gang = 1 : 8,43 4. Gang = 1 : 6,00
Fahrwerk	
Rahmen	Zentralrohrrahmen
Vordergabel	Langarmschwinge mit Federbeinen und Ölstoßdämpfern
Federweg vorn	140 mm
Hinterradaufhängung	Schwinge mit Federbeinen und Ölstoßdämpfern
Federweg hinten	80 mm
Bremsen	Vollnaben 160 ⌀ × 25 mm
Wirksame Bremsfläche	146 cm²
Reifen, vorn	3,00—16
Reifen, hinten	3,25—16
Scheinwerfer	160 mm ⌀ mit Biluxlampe 35/35 W
Abmessungen, Gewichte	
Radstand	ca. 1260 mm (Hinterrad verstellbar)
Leergewicht	131 kg mit vollem Tank und Werkzeug
Höchstbelastung	155 kg
Zulässiges Gesamtgewicht	286 kg
Kraftstoffbehälter	13,5 Liter einschl. 2 Liter Reserve
Kraftstoffnormverbrauch	3,2 Liter/100 km
Höchstgeschwindigkeit	95 km/h (aufrecht sitzend)

Telegrammwort: TROES

Es berät Sie gern Ihr zuständiger Händler:

„250-Trophy"

Motor	
Arbeitsweise	Zweitakt / 1 Zylinder
Hubraum	245 ccm
Verdichtung	1 : 7
Motorleistung	14,5 PS bei 5500 U/min
Höchstes Drehmoment	2,2 mkg bei 3500 U/min
Schmierung	Gemisch 1:25 im Kraftstoff
Zündung	Lichtbatteriezündung
Batterie	6 V, 8 Ah
Vergaser	Zweischieber-Vergaser
Kraftübertragung	
Getriebe	4-Gang-Zündapp-Ziehkeilgetriebe
Schaltung	Fußschaltung
Gesamtübersetzungen	1. Gang = 1 : 17,96 2. Gang = 1 : 11,23 3. Gang = 1 : 8,04 4. Gang = 1 : 5,72
Fahrwerk	
Rahmen	Zentralrohrrahmen
Vordergabel	Langarmschwinge mit Federbeinen und Ölstoßdämpfern
Federweg vorn	140 mm
Hinterradaufhängung	Schwinge mit Federbeinen u. Ölstoßdämpfern. Federbeine umschaltbar auf weich oder hart
Federweg hinten	100 mm
Bremsen	Vollnaben 160 ⌀ × 25 mm
Wirksame Bremsfläche	146 cm²
Reifen, vorn u. hinten	3,25—16
Scheinwerfer	160 mm ⌀ mit Biluxlampe 35/35 W
Abmessungen, Gewichte	
Radstand	ca. 1260 mm (Hinterrad verstellbar)
Leergewicht	136 kg mit vollem Tank und Werkzeug
Höchstbelastung	150 kg
Zulässiges Gesamtgewicht	286 kg
Kraftstoffbehälter	13,5 Liter einschl. 2 Liter Reserve
Kraftstoffnormverbrauch	3,8 Liter/100 km
Höchstgeschwindigkeit	110 km/h (aufrecht sitzend)

Telegrammwort: TROPHY

ZÜNDAPP-WERKE GMBH

Mit einem Motorrad reihen Sie sich in den Kreis jener ganzen Kerle ein, die sich zur männlichsten Art des Fahrens bekennen.

Es ist angenehm für Sie, am Morgen länger liegenbleiben zu können. Sie müssen sich nicht mehr, nach einer hastigen Rasur und einem im Stehen eingenommenen Frühstück, in eine überfüllte Straßenbahn quetschen. Im Fahrtwind werden Ihre Lebensgeister massiert und Sie kommen erfrischt an Ihre Arbeitsstätte.
Nach Feierabend trägt Sie Ihre Zündapp wohin immer Sie wollen. Vielleicht an einem besonders heißen Tage noch ins Bad oder ganz einfach irgendwohin ins Grüne, zu Sport, Spiel und zur Erholung.
In den Ferien zeigt sich vollends der Wert Ihrer Maschine. Preiswerter können Sie wirklich nicht reisen.
Viele Gründe sprechen für ein Motorrad, alle guten Gründe sprechen für die Zündapp-Trophy. Ihr Name ist nicht zufällig: bei den Internationalen Six-Days 1957 fuhren unter der deutschen Nationalmannschaft drei Zündapp-Fahrer die begehrte Trophy heraus.

175-Trophy

Bohrung	60 mm
Hub	62 mm
Hubraum	174 ccm
Motorleistung	10,5 PS bei 5450 U/min

keine verstellb. hinteren Federbeine

rundes Auspuffrohrendstück

Unterscheidungsmerkmale

250-Trophy

ovales Auspuffrohrendstück

verstellbare Federbeine hinten

Bohrung	67 mm
Hub	70 mm
Hubraum	245 ccm
Motorleistung	14,5 PS bei 5500 U/min

Die Vorderradbremse hat einen Durchmesser von 160 mm. Der Belag ist 25 mm breit. Durch die verrippte Bremstrommel ist die Wärmeableitung hervorragend und dadurch das „Fading" äußerst gering.
Wußten Sie schon, daß die Bremsleistung der mit Fahrer und Sozia besetzten 250er Trophy beim Bremsen aus einer Geschwindigkeit von 100 km/h das ca. 2,2fache der Motorleistung beträgt? Auf trockener, griffiger Straße sind es bis zu 32 PS!

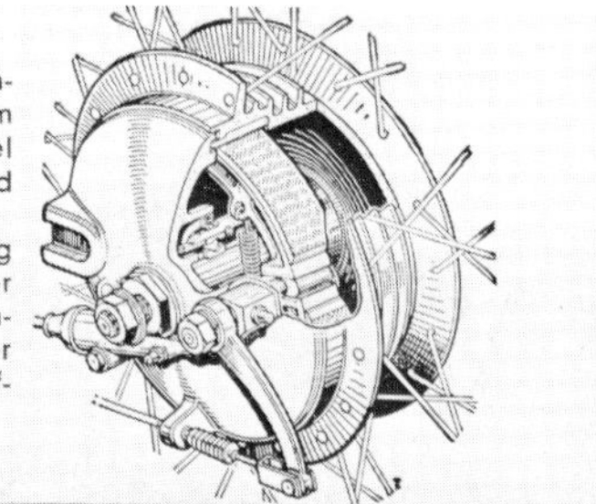

Der Vergaser sitzt hinter einer formschönen Verkleidung, die weitgehend das Verschmutzen des Vergasers von außen verhindert. Muß man einmal an den Vergaser, so braucht man nicht eine Anzahl Schrauben herauszudrehen, die dann leicht verlorengehen können, sondern es ist nur eine Sechskantschraube zu lösen, um die Verkleidung abzunehmen. Die Schraube bleibt übrigens im Blech und kann so nicht verlorengehen.

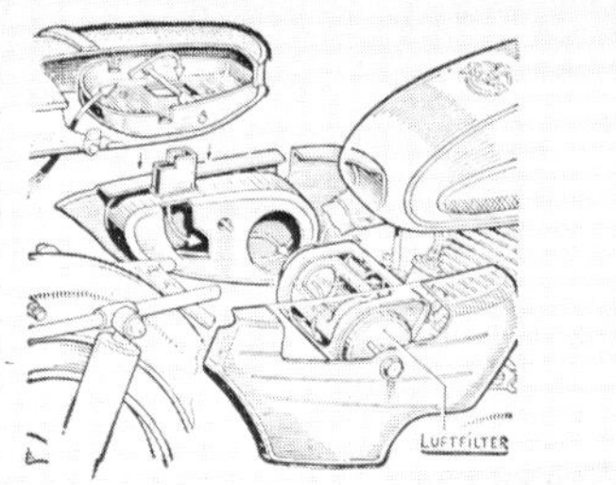

Dieser Prospekt von 1962 stellt nicht nur motorsportliche Aspekte in den Vordergrund, sondern wirbt auch für das neue Modell der kleinen Klasse, die KS 75; ein „richtiges“ Motorrad, wie die Werbung verspricht.

Links: Prospekt für die Trophy-Reihe von 1959.

trophy 175s

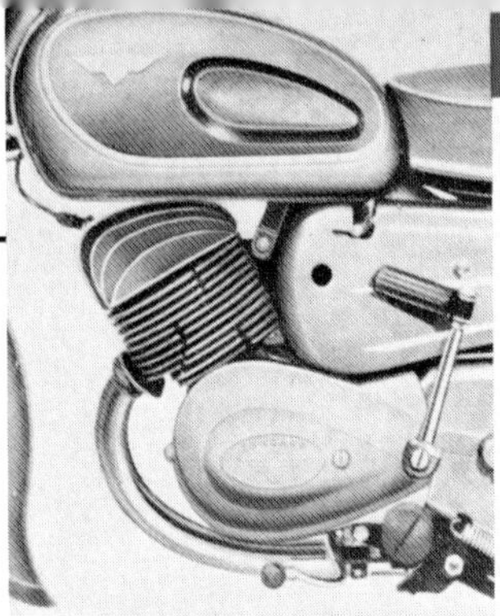

Motorradfahren ist eine Sache für richtige Männer. Es ist ein männliches Gefühl der Freude, eine so kraftgeladene Maschine wie die Trophy 175 S zu fahren. Mit dem Namen Trophy ist eine lange Liste hervorragender Sporterfolge verbunden. Seit Jahren gehört diese erfolgreiche Maschine zum Team der deutschen Mannschaft für die Internationale 6-Tage-Fahrt. Günter Sengfelder holte sich mit ihr 1961 den Titel „Deutscher Trialmeister" in der Klasse bis 200 ccm. – Die Trophy 175 S hat einen hochelastischen Motor mit temperamentvoller Leistung und beachtlicher „Spitze". Federung, Straßenlage und Bremsen sind ungewöhnlich gut. Immer wieder ist diese Maschine eine Freude für den Besitzer.

Neu! Mit Elektrostart!

ZÜNDAPP-4-Gang-Motor; Zweitakter; 175 ccm; 10,5 PS bei 5400 U/min.; Kraftstoff-Ölgemisch 25 : 1; Ziehkeilgetriebe mit 4 Gängen und Leerlauf, Fußschaltung; Mehrscheiben-Ölbadkupplung, Kick- oder Elektrostart; Doppelblink-Anlage.

Stabiler Zentralrohrrahmen; hervorragende Federung, vorn: Teleskopfedergabel 120 mm Federweg, hinten: Schwinge mit Federbeinen und Ölstoßdämpfern, 80 mm Federweg; Vollnabenbremsen 160 mm ⌀ x 25 mm; 14-Liter-Tank; stabiler Aufbockmittelständer; Steckachse.
Farbe: brillantblau oder schwarz

Zulässiges Gesamtgewicht: 300 kg.

Typ 500

Motorrad
10,5 PS
175 ccm

4-Gang-Motor
Fußschaltung
Kick- oder
Elektrostart
Tank 14 Liter
ca. 95 km/h

Links: Die Trophy 175 S war auch mit elektrischem Anlasser zu bekommen, ebenso die 250er (unten).

Rechts: Prospekt für die neuen KS-Maschinen 75 und 100 ccm.

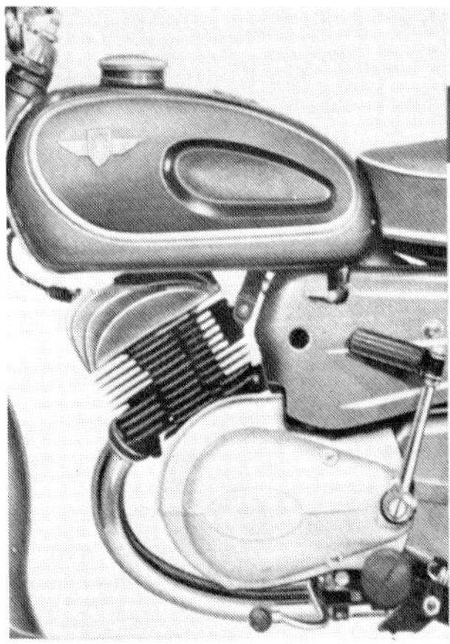

trophy 250s

Die Trophy 250 S zählt heute bereits zu den schweren Maschinen. 14,5 PS ziehen rasant ab. Hervorragende Straßenlage und ausgezeichnete Fahreigenschaften machen es zu einem Vergnügen, die Leistung dieses Vollblut-Motorrades voll auszufahren. Wer dem Geheimnis der erfolgreichen ZÜNDAPP-Trophy nachspürt, wird viel Interessantes entdecken: international bewährte Teleskopgabel, stabilen Zentralrohrrahmen, geschlossenen Kettenkasten, Steckachse, großdimensionierte verrippte Nabenbremsen und nicht zuletzt einmaligen Sitzkomfort auf schaumgummigepolsterter Doppelsitzbank. Mit einer Trophy 250 S wurde Richard Heßler 1961 in der Klasse bis 250 ccm „Deutscher Geländemeister"!

Eine interessante Neuheit: Die Trophy 250 S – und die Trophy 175 S – sind auch mit Elektrostarter lieferbar.

Trophy 250 S – ein Motor für starke Männerherzen.

Neu! Mit Elektrostart!

ZÜNDAPP-4-Gang-Motor; Zweitakter; 250 ccm; 14,5 PS bei 5500 U/min.; Kraftstoff-Ölgemisch 25 : 1; Ziehkeilgetriebe mit 4 Gängen und Leerlauf, Fußschaltung; Mehrscheiben-Ölbadkupplung, Kick- oder Elektrostart; Doppelblink-Anlage.
Stabiler Zentralrohrrahmen; hervorragende Federung, vorn: Teleskopfedergabel 120 mm Federweg, hinten: Schwinge mit Federbeinen und Ölstoßdämpfern, Federbeine umschaltbar auf weich und hart, 100 mm Federweg. Vollnabenbremsen 160 mm ⌀ x 25 mm; 14-Liter-Tank; stabiler Aufbockmittelständer; Steckachse.
Farbe: brillantblau oder schwarz
Zulässiges Gesamtgewicht: 300 kg.

Typ 502

Motorrad
14,5 PS
250 ccm

4-Gang-Motor
Fußschaltung
Kick- oder
Elektrostart
Tank 14 Liter
ca. 110 km/h

Die KS-Ära

Mit dem „Grünen Elefanten“ hatte sie nur das Kürzel KS gemein, dennoch war die neue „Kleine“ aus dem Hause Zündapp von 1959 eine großartige Maschine. Die 5,6-PS-Maschine war soziusfest und hatte hinten als Besonderheit doppelte Teleskopstoßdämpfer. Ab 1963 gab es auch eine KS 100.

Elegant in Form und Linie, hervorragend in der Leistung, mit erstklassigen Fahreigenschaften, das ist die neue ZÜNDAPP KS 75 – das einzige deutsche Motorrad in der wirtschaftlichen 75-ccm-Klasse. Als echtes „Vollblut“ verkörpert die KS 75 Temperament und Rasse; sie liegt ungewöhnlich gut auf der Straße. Sie wurde aus der bekannten KS-Serie für alle die entwickelt, die Freude am sportlichen Fahren haben und schnell sein wollen.

- Gesunder, günstig ausgelegter 75-ccm-4-Gang-Motor mit 5,6 PS, hartverchromter, verschleißfester Zylinder. Neu: Kurbelwelle und Stahl-Pleuel für Höchstbeanspruchung einsatzgehärtet.
- Selbstverständlich mit Fußschaltung und Kickstarter.
- Neues Stopplicht, großer Scheinwerfer und überdimensional ausgelegte, fein dosierbare Bremsen bieten erhöhte Sicherheit.
- Robuste Rahmenkarosse in fortschrittlicher Konstruktion aus unverwüstlichem Druckguß, in neuem wertvollen Finish und neuer moderner Farbgebung.

Mit der KS 75 gewinnt ihr stolzer Besitzer eine handliche Maschine von hohem Gebrauchswert und erstklassiger Qualität.

ZÜNDAPP **KS 75**

Motorrad Typ 512-320

Eine Neuheit im ZÜNDAPP-Programm ist die KS 100. Aufbauend auf den Erfolgen und Erfahrungen der bisherigen, bewährten KS-Typen entstand dieses neue Modell, dessen Motor seine „Feuertaufe" mit Auszeichnung im Motorsport bestand. Auf Anhieb wurde S. Gienger gegen stärkste Konkurrenz „Deutscher Geländemeister 1962" in der Klasse bis 100 ccm. Mit allen guten Vorzeichen versehen, kann der Kunde jetzt diese neue, bereits siegreich bewährte ZÜNDAPP erwerben. Die KS 100 begeistert jeden echten Motorradfahrer und macht jede Fahrt zum neuen Vergnügen.

- Sportlicher 7-PS-4-Gang-Motor, robust, gesund, mit einem Schuß „Feuer", hartverchromter verschleißfester Leichtmetall-Zylinder, für Höchstbeanspruchung, Kurbelwelle und Stahl-Pleuel einsatzgehärtet.
- Handlich, mit hervorragender Straßenlage, Richtungsstabilität und Kurvenfestigkeit.
- Selbstverständlich Fußschaltung und Kickstarter wie bei allen ZÜNDAPP-Motorrädern.
- Bewährter, robuster Rahmen in fortschrittlicher Konstruktion, ausgelegt für große Geschwindigkeiten, hervorragender Fahrkomfort, Vorderrad-Telegabel, Hinterrad-Komfortfederung (2 Federbeine, 2 hydraulische Dämpfer).
- 34 Watt-Lichtanlage, Blinkanlage, Horn, Stopplicht.

KS 100, ein neues 100-ccm-Motorrad, das in seiner Konzeption jeden Kenner beeindruckt. KS 100 – ein schneller Star auf allen Straßen.

KS 100

Motorrad Typ 514-320

1963 bis 1966 gab es die KS 100 mit 7 PS und einem Motor der Dimensionen 50 x 50 mm. Erkennbar ist die erste Version an ihren runden Kühlrippen.

Technische Daten der KS-Reihe. Die Geländesport-Ausführungen trugen die Bezeichnung GS.

KS 75
Motorrad Typ 512-320

Motor: 4-Gang-Motor; Zweitakter; 75 ccm; 5,6 PS bei 6200 U/min; verschleißfester Leichtmetallzylinder; Kraftstoff-Öl-Gemisch 25:1; Schwunglicht-Magnetzünder 6 Volt / 34 Watt, 25/25 W Bilux, Stopplicht, Blinkanlage, Horn, Ziehkeilgetriebe, Kickstarter, Fußschaltung, 4-Scheiben-Ölbadkupplung.

Fahrgestell: Formschöne Rahmenkarosse, in neuen Farben: Metallic-Blau, Granit-Grau, Carrera-Weiß; Federung: Teleskopgabel, Hinterradschwinge mit 2 Federbeinen und 2 hydraulischen Stoßdämpfern, Steckachsen vorn und hinten; Vollnaben - Innenbackenbremsen 120 mm ⌀; stabiler Aufbockmittelständer; Bereifung 21″ — 2,75″ Motortyp-Spezial; eingebautes Tachometer; schaumgummigepolsterte Doppelsitzbank; Spitze: ca. 80 km/h.
Eigengewicht ca. 76 kg, Belastung bis ca. 159 kg = zulässiges Gesamtgewicht 235 kg.

KS 100
Motorrad Typ 514-320

Motor: 4-Gang-Motor; Zweitakter; 100 ccm; 7 PS bei 4800 U/min; verschleißfester Leichtmetallzylinder; Kraftstoff-Öl-Gemisch 25:1; Schwunglicht-Magnetzünder 6 Volt / 34 Watt, 25/25 W Bilux, Horn, Stopplicht; Ziehkeilgetriebe, Kickstarter, Fußschaltung, 4-Scheiben-Ölbadkupplung.

Fahrgestell: Formschöne Rahmenkarosse, in neuen modernen Farben: Metallic-Blau, Granit-Grau, Carrera-Weiß. Federung: Vorderradschwinge, Hinterradschwinge mit 2 Federbeinen und 2 hydraulischen Stoßdämpfern, Steckachsen vorn und hinten; Vollnaben - Innenbackenbremsen 120 mm ⌀; stabiler Aufbockmittelständer; Bereifung 2,75″ – 16″; eingebautes Tachometer; schaumgummigepolsterte Doppelsitzbank; Spitze: ca. 85 km/h.

Eigengewicht ca. 89 kg, Belastung bis ca. 161 kg = zulässiges Gesamtgewicht 250 kg.

GS 50 Typ 510–224

Motor: ZÜNDAPP-4-Gang-Motor, fahrtwindgekühlt, Zweitakter, 50 ccm, 4,2 PS bei 7000 U/min. Kickstarter, Fußschaltung. – Elektr. Anlage: 45 Watt-Lichtanlage (6 V); Bilux-Licht; Schlußleuchten mit Kennzeichenbeleuchtung. Schallzeichen: Ballhupe.

Fahrwerk: Bereifung vorn: 2.50/2.75–19 Gelände C
hinten: 3.00–18 Gelände C

Federung: vorn: Hydraulisch gedämpfte Teleskopgabel
hinten: Schwinggabel mit hydr. ged. Federb.

GS 75 Typ 511–327

Motor: ZÜNDAPP-4-Gang-Motor, fahrtwindgekühlt, Zweitakter, 75 ccm, 5,6 PS bei 6200 U/min. Kickstarter, Fußschaltung. – Elektr. Anlage: 45 Watt-Lichtanlage (6 V); Bilux-Licht; Batterie und Gleichrichter (notwendig für Blinkanlage und evtl. für elektr. Horn) Blinklichtanlage, Schlußleuchten mit Kennzeichenbeleuchtung. Schallzeichen: Ballhupe.

Fahrwerk: Bereifung vorn: 2.50/2.75–19 Gelände C
hinten: 3.00–18 Gelände C

Federung: vorn: Hydraulisch gedämpfte Teleskopgabel
hinten: Schwinggabel mit hydr. ged. Federb.

Änderungen in Ausführung und Ausstattung üblicherweise vorbehalten

Auch die kleinen KS-Maschinen, zu denen eine 50er der Mokick-Klasse zählte, hatten die Konstruktionsmerkmale der neuen Generation aufzuweisen.

Die neue KS, angeboten ab Modelljahr 1967, unterschied sich in der Motorkonstruktion von ihrem Vorgänger. Die neue Form der Verrippung, aber auch der neue Stoßdämpfer am Hinterrad macht den Unterschied deutlich. Der 98-ccm-Zweitaktmotor leistete jetzt 8,2 PS.

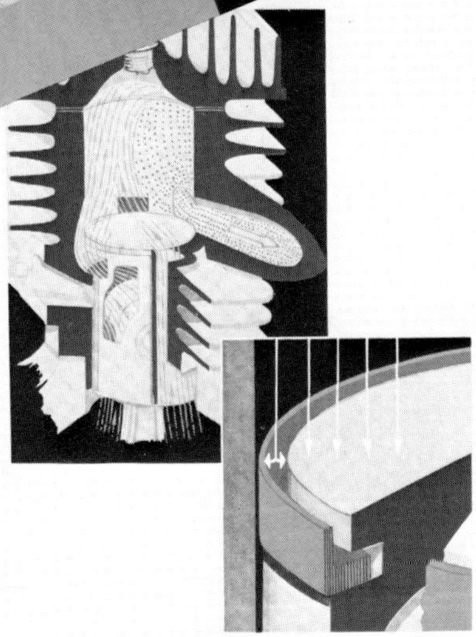

Geballte Kraft, noch mehr Schwung

Was ist das Neue, das Besondere am ZÜNDAPP-50-ccm-Motor? Außer der hartverchromten Lauffläche, der außergewöhnlichen Leistungsfähigkeit und der hohen Lebensdauer weisen die Motoren der KS 50 Super und KS 50 Super SL eine bemerkenswerte Neuheit als Serienmotoren auf: Dreistromspülung und „L"-Kolbenring. Der Übergang zur Dreistromspülung resultiert aus Erkenntnissen im Umgang mit Hochleistungsmotoren. Seine Vorteile: Der Spülvorgang läßt sich sorgfältiger steuern, die Innenkühlung des Kolbens wird forciert, der Kolbenbolzen erhält eine weit bessere Schmierung.
Der „L-Ring", bisher nur im Rennmotorenbau bekannt, sitzt ganz oben im Kolben. Durch seine L-Form wird er vom Gasdruck an die Zylinderwand gepreßt und erreicht einen wesentlich höheren Dichtungsgrad als die bisher üblichen zwei Kolbenringe. Die Wirkung: verminderter Verschleiß, bessere Ausnutzung der Verbrennungsenergie, zusätzliche Innenkühlung des Kolbens. Und der Erfolg: Allein in einem Jahr war es möglich, die Leistung der KS 50 Super von 4,2 auf 4,6 und schließlich beim neuen Modell 1965 auf 4,8 PS zu steigern. Der „Monza"-Motor der KS 50 Super SL leistet sogar 5,2 PS.

Sein feuriges Temperament

ist immer wieder der stärkste Eindruck, den der 8,2-PS-Motor der KS 100 vermittelt. Höchste Leistung aus kleinem Hubraum ist bei diesem imponierenden Breitwandzylinder in idealer Weise erfüllt. Dieser Motor kennt keine thermischen Probleme. Mit wuchtiger Kraft meistert er alle Situationen: blitzschnelles Überholen, Bergsteigen, zügiger Start an der Ampel. Dieser Motor ist ein kleines Wunder an Kraft, Präzision und Lebensdauer.

Die KS 100 war eine Traummaschine für den Führerschein-Klasse-1-Neuling. Leider war sie auch teuer . . .

ZÜNDAPP

KS 100

ein schneller Star

Wer Tempo und Kraft liebt, ist begeistert. Mit der KS 100 hat ZÜNDAPP einen neuen Maßstab im Motorradbau gesetzt. Wie ein Pfeil schießt die KS 100 los, mit einer Kraft und Beschleunigung, wie man sie noch vor kurzem bei einer „Hunderter" kaum für möglich gehalten hätte.
Der leistungsstarke 8,2-PS-Motor mit seinem reich verrippten Breitwandzylinder ist in allen Drehzahlbereichen gut abgestuft. Er vermittelt eine enorme Beschleunigung, die gerade im starken Verkehr so wichtig ist; schnell an der Ampel wegkommen, pfeilschnell überholen oder sogar zu zweit extreme Steigungen mühelos bezwingen. Immer zeigt sich die KS 100 höchst kultiviert. Die Straßenlage: phantastisch. Die KS 100 ist spurtreu und kurvensicher. Der bewährte Rohrdruckgußrahmen, überdimensionale Bremsen, Blinker, Horn und Stopplicht geben Ihnen in jeder Situation das Gefühl absoluter Sicherheit. Die erstklassige Federung fängt alle Stöße mühelos ab. Kurzum: Wer Tempo liebt, Fahrkomfort und Sicherheit – der wählt die ZÜNDAPP KS 100.
Führerschein Klasse 1, ab 18 Jahren.

Eine ganz neue Art der Fotografie kennzeichnet die Prospekte der späten sechziger Jahre. Lebensfreude im Daseinsbild junger Menschen – das Zündapp-Motorrad ist fast „zufällig" mit von der Partie.

Die KS-Reihe ist Vorgabe zu einer neuen Zündapp-Werbelinie. Die Aufnahmen dieser Broschüre entstanden vor den Toren Münchens am Isarufer. Die Aussage zur Technik steht auf einem anderen Blatt . . .

Rekorde, Siege und Medaillen

Seit nunmehr fast 50 Jahren, seitdem ZÜNDAPP Motorräder baut, gibt es auch ZÜNDAPP-Sporterfolge. Erkämpft in den härtesten Wettbewerben: beim Motorrad-Geländesport, bei Bergprüfungen, bei Langstreckenfahrten und Trial-Meisterschaften. 5979 Goldmedaillen und 1. Plätze, 1929 Silbermedaillen und 2. Plätze, 970 Bronzemedaillen und 3. Plätze, 1018 Klassensiege, 306 Mannschaftspreise – das ist eine stolze Bilanz (Stand 31. Dezember 1967).
Bedenken Sie: Sportliche Höchstleistungen und gnadenlose Wettkämpfe beanspruchen eine Maschine in Stunden mehr als Monate und Jahre des Alltagsbetriebs. Es gibt keinen besseren Prüfstein für die Zuverlässigkeit und Leistungsfähigkeit einer Maschine als den Geländesport. Die unerhörte Robustheit, die Unverwüstlichkeit, die Kraft, die absolute Zuverlässigkeit – das alles wäre undenkbar ohne Sporterfahrung und Wettbewerbe. „Zuverlässig“ – das ist wichtig, und „schnell“ – das ist aktuell. Als ZÜNDAPP im Jahre 1965 mit seiner spezialverkleideten 50-ccm-Rekordmaschine auf die Rennbahn von Monza ging, da gab es eine Sensation, die für den Eingeweihten keine Sensation war: In nur 3 Tagen fielen auf Anhieb 6 Geschwindigkeitsweltrekorde in der Klasse bis 50 ccm: 10 km 153,452 km/h, 100 km 162,002 km/h, 1000 km 146,637 km/h, 1 Stunde 162,609 km/h, 6 Stunden 147,798 km/h, 12 Stunden 137,039 km/h (anerkannt durch die FIM) und weitere 8 Weltbestleistungen. Die grundlegende Konstruktion des schnellen Motors finden Sie in jedem ZÜNDAPP-Motor. Hier haben Sie ein überzeugendes Beispiel dafür, wie schnell ZÜNDAPP sein kann. Wie zuverlässig und erfolgreich ZÜNDAPP ist, dokumentiert die Bilanz der zahlreichen Geländewettbewerbe der letzten Jahre: ZÜNDAPP brachte bei der Deutschen Geländemeisterschaft 1966 das bisher noch nicht dagewesene Kunststück fertig, in den heute so interessanten Klassen von 50, 75, 100 und 125 ccm alle 4 Meistertitel herauszufahren und gewann auch die Meisterschaft für Fabrikmannschaften.
1967 stellte ZÜNDAPP im Trialsport zum 5. Male alle 3 möglichen Deutschen Meister. Außerdem führte ZÜNDAPP im erstmals 1967 ausgeschriebenen Europa-Cup FIM mit zwei Meistern (100 und 125 ccm) in der europäischen Spitzenklasse. Bei der Deutschen Motorrad-Geländemeisterschaft 1967 gelang es, 3 Titel herauszufahren. Bei den Six-Days 1967 erreichten E. Schmider (Klasse bis 75 ccm) und S. Gienger (Klasse bis 100 ccm) die höchste Zahl der möglichen Gutpunkte und qualifizierten sich damit als weltbeste Einzelfahrer.
Auch 1968 reißt der Siegeszug nicht ab. Mit 10 Meistertiteln schlägt ZÜNDAPP alles bisher Dagewesene: 3 Deutsche Trialmeister (100, 200, über 200 ccm), 4 Deutsche Geländemeister (50, 75, 100, 175 ccm), 3 Europa-Geländemeister (50, 75, 100 ccm). Von besonderem Gewicht ist dabei der Sieg in den kleinen, heute so interessanten Klassen. Seit Beginn der Meisterschaftswertung im Jahre 1961 hat ZÜNDAPP nun zum **6. Male die 50-ccm-Meisterschaft** gewonnen.
ZÜNDAPP redet nicht von echten Maßstäben, ZÜNDAPP setzt sie durch seine Siege. Das ist echte Bewährung. Den Nutzen hat der stolze Besitzer einer ZÜNDAPP.

In den kleinen Klassen gibt es immer wieder Sporterfolge für Zündapp. Selbst Rekorde wurden gefahren, wie der Prospekttext aus dem Jahre 1969 aussagt.

Rechts: Titelseite eines Prospektes von 1971. Die Super-Sport-Maschine besticht durch ihren hochgelegten Auspuff. Erster Hauch von Enduro!

ZÜNDAPP
Motorräder
ZÜNDAPP
ZÜNDAPP

ZÜNDAPP
Motorräder

ZÜNDAPP – weil's Spaß macht!

ZÜNDAPP-Service – immer einsatzbereit. Und überall.

Wo Sie auch fahren, die ZÜNDAPP-Organisation mit mehr als 7000 ZÜNDAPP-Händlern in 138 Ländern der Erde steht Ihnen mit einem dichten Service-Netz zur Verfügung. Sie können also beruhigt auf die Reise gehen. Erfahrene Fachleute, die eine Maschine nicht nur verkaufen, sondern auch pflegen und betreuen, bieten Ihnen ihre fachmännischen Kenntnisse an.

ZÜNDAPP-WERKE GMBH · 8 MÜNCHEN 80 · ANZINGER STR. 1–3

ZÜNDAPP

schnell und zuverlässig

Gute Laune, Lebensfreude – die Zigarettenpromotion der achtziger Jahre vermochte kaum so viel „Action" Ins Bild zu bringen wie die Zündapp-Werber ein Jahrzehnt zuvor!

ZUNDAPP-Motorräder = Faszination. Schönheit + geschmeidige Kraft.

ZÜNDAPP KS 125 Sport und KS 100 – Begeisterung auf den ersten Blick. Sie sind gefesselt von der funktionellen Schönheit und der Kraft, die diese Motorräder ausstrahlen. Steigen Sie auf und brausen Sie los. „Er-Fahren" Sie, wie diese Kraft arbeitet, wie Sie die Dynamik dieser Maschinen mitreißt. Das packende Fahrabenteuer mit der neuen ZÜNDAPP KS 125 Sport oder der KS 100 ist ein Erlebnis, das man nicht vergißt. Das selbst Routiniers immer wieder fasziniert.

Diese Faszination entsteht nicht nur durch das herrliche Fahrgefühl, das diese Maschinen vermitteln. Der entscheidende Faktor. für die enorme Leistungsfähigkeit der ZÜNDAPP-Hundertfünfundzwanziger und -Hunderter, ist ihre hervorragende Technik. Technik, die bis aufs I-Tüpfelchen stimmt: durchdachte, leistungssteigernde Konstruktion, genaueste Verarbeitung hochwertiger Qualitätswerkstoffe, präzise Montage. Das alles begründet durch das technische „Gewußt wie", durch Erfahrung und – Sporterfolge. Erfahrung, die ZÜNDAPP in 50 Jahren Motorradbau wie in einem Computer gespeichert hat. Die neuen Modelle sind damit programmiert. Unzählige, harte Sport-Wettbewerbe, in denen ZÜNDAPP große und größte Sporterfolge errang, sind der ideale Prüfstand für Konstruktion und Material. Jedes Teil der ZÜNDAPP-Motorräder hat diese Prüfungen bestanden.

Das Resümee: Hundertprozentige Technik für hundertprozentige Maschinen – bei ZÜNDAPP selbstverständlich.

Die neuen Sportmodelle mit 100 und 125 ccm 1971/72.

. . . wie Lützow's wildverwegene Jagd!

Sie lieben das Nicht-Alltägliche? Sie wollen frei sein? Dann steigen Sie in den Sattel einer ZÜNDAPP und geben Gas. Sie brausen ab, wie „Lützow's wildverwegene Jagd“. 2. Gang. Mehr Gas. 3. Gang. Geschmeidig nimmt der Motor die Übergänge. 4. Gang. Wenige Sekunden seit dem Start. Der Tacho zeigt 70 km/h. 5. Gang. Gelassen nimmt die Maschine jede Temposteigerung. 100 km/h. Sie haben ungeheuren Spaß und – in Windeseile sind Sie draußen an einem Ort, der nur Ihnen gehört. Ein Lagerfeuer, Gitarrenklänge – weitab vom grauen Alltag erleben Sie Ihr Wochenendabenteuer.

Männlich, sympathisch und rasant: ZÜNDAPP-Motorräder

Die selbstbewußte Art zu fahren
Eine klare Sache – zwei blitzschnelle Räder, ein zupackender Motor – ZÜNDAPP! Seit 50 Jahren in aller Welt der Begriff für millionenfache Bewährung. Perfektion, das ist hier die gekonnte Synthese von Leistung, Zuverlässigkeit und modernem Design. Jedes der neuen 70er Modelle steht ein für den großen Namen, den ZÜNDAPP in seiner Geschichte gewann und der für die Zukunft richtungweisend ist.

Die Freiheit auf zwei Rädern ...
Ihre Gedanken schweifen hinaus in eine lichtdurchflutete Landschaft, die Sie frei und mit vollem Speed durchfahren. Ein Wunschtraum? – ZÜNDAPP-Motorräder sind die Verwirklichung. Maschinen, die die männliche Phantasie beflügeln und hinter denen eine große technische Idee steht. Die Freude an der Beherrschung präziser Technik, an vorwärtsjagender Energie und am wirklich sportlichen Fahren, rückt immer wieder ZÜNDAPP in den Mittelpunkt. Denn ZÜNDAPP-Motorräder wollen schnell, wollen rasant gefahren werden. Maschinen, die wie der Sturm dahinbrausen.

Die Summe der technischen Details: Perfektion
Wir können mit Fug und Recht behaupten, unsere Maschinen sind technisch voll ausgereift und vollendet, so z. B. der Rahmen: vollschwingend, formschön, aus Leichtmetall-Druckguß mit Stahlrohrrückgrat. Eine Konstruktion, die ihresgleichen sucht. Oder nehmen Sie die Federung: vorn Teleskopgabel mit Gummimanschette, hinten hydraulisch gedämpfte Federbeine. Die Fahrbahn wird einfach glattgebügelt. Das Entscheidende aber ist – der echte ZÜNDAPP-Motor: bei jeder Beanspruchung immer in Höchstform. Und Höchstform heißt hier Tempo und nochmals Tempo, auf Jahre hinaus.
Und noch etwas sei klar gesagt: ZÜNDAPP baut nicht besonders billige, sondern besonders gute Maschinen.

Perfektion als Summe der technischen Details – das stimmte durchaus. Und schnell waren die Maschinen auch; die KS 125 Sport ging an die 125 km/h.

Ein männliches Vergnügen wurde wiederentdeckt: Motorradfahren – mit ZÜNDAPP
Das besondere Vergnügen am Ungewöhnlichen, am Abenteuer und am Funktionieren durchdachter Technik verbindet sich zum Wunsch nach Unabhängigkeit und Freiheit. Weg von dem Zwang des Alltags: Der Reisebegleiter steht schon bereit – Ihr ZÜNDAPP-Motorrad. Schnell und sicher sind Sie damit draußen in der Großartigkeit einsamer Landschaften oder im fröhlichen Treiben interessanter Städte.

Auch der kurze Trip am Wochenende, die kühle Erfrischung im Freibad nach Dienstschluß – alles das ist mit einem ZÜNDAPP-Motorrad schneller zu erreichen; auf Wegen unter Umständen, die ein „Vierrad" längst nicht mehr befahren kann. Nicht nur auf langen Fahrten oder im schwierigen Gelände, auch im Stadtverkehr beherrschen diese Maschinen täglich die Situation. Selbst in der dicksten Stoßzeit spurten Sie mit Ihrer ZÜNDAPP unbekümmert durch.

Eine kompakte, moderne Maschine, die 1972er Zündapp KS 125 Sport. Eigentlich ein „Kleinmotorrad“, wies die Maschine alle Attribute einer großen Maschine auf. Selbstverständlich verfügte die neue Generation über Fünfganggetriebe.

Die Innenseiten dieses KS-Prospektes gehen näher auf die technischen Einzelheiten der neuen Generation ein.

Die Technik der ZÜNDAPP KS 125 Sport ist „geländesport-geprüft". Das Ergebnis: technische Perfektion.

ZÜNDAPP nimmt seit 50 Jahren sehr erfolgreich am internationalen Motorrad-Geländesport teil. Die extremen Anforderungen dieser harten Wettbewerbe führten zu dem von ZÜNDAPP entwickelten, schwingengelagerten Doppelschleifenrahmen. Dieser speziell für die neue ZÜNDAPP KS 125 Sport entwickelte Rahmen ist eine technische Spitzenleistung. Er ist aus hochwertigen Qualitätswerkstoffen gefertigt und wartungsfrei. Sie können ihn immer wieder härtesten Zerreißproben unterziehen, er wird sie alle glänzend bestehen.

Die hohe Leistung der neuen ZÜNDAPP KS 125 Sport verlangt auch ein Höchstmaß an Sicherheit. Die im Motorsport bewährten, supergroßen Leichtmetall-Vollnaben-Innenbackenbremsen von 150-mm (!)-Trommeldurchmesser mit eingegossenem Stahlmantel, erfüllen diese Anforderung in optimaler Weise. Großflächige Innenbacken zeigen selbst bei starker Erwärmung durch plötzliches Bremsen keinerlei Verstellung.

Eine gute Federung bietet nicht nur Komfort, sie ist auch ein entscheidender Sicherheitsfaktor. Die ZÜNDAPP-Federung, unter extremen Bedingungen erprobt, entspricht diesen Anforderungen: hydraulisch gedämpfte Telegabel am Vorderrad mit 150-mm-Federweg, Langschwinge mit hydraulisch gedämpften, stoß-ausgleichenden Federbeinen am Hinterrad. So macht sportliches Fahren erst richtig Spaß.

Das ist die einmalige ZÜNDAPP-Siegesbilanz 1970:

Europa-Geländemeisterschaft:
In 5 Klassen am Start. In 5 Klassen Europameister
(50, 75, 100, 125, 175 ccm).

Deutsche Geländemeisterschaft:
In 5 Klassen am Start. In 5 Klassen Deutscher Meister
(50, 75, 100, 125, 175 ccm)
und Fabrikmannschaftsmeisterschaft.

Deutsche Trialmeisterschaft:
In allen 3 Klassen am Start. In allen 3 Klassen Deutscher Meister
(ununterbrochen zum 8. Mal).

Diese gnadenlosen Wettkämpfe sind der beste Prüfstand für die Qualität der ZÜNDAPP-Maschinen. Denn hier wird jedes Detail eines Motorrades in einer Stunde mehr beansprucht, als in vielen Monaten und Jahren des Alltagsbetriebes. Aber nicht nur die Zuverlässigkeit ist entscheidend, Schnelligkeit ist ebenso wichtig. Und daß ZÜNDAPP-Maschinen schnell, sehr schnell sind, wurde 1965 in Monza bewiesen:

In nur 3 Tagen fielen auf Anhieb **6 Weltrekorde** in der Klasse bis 50 ccm und **8 Weltbestleistungen** in weit höheren Klassen: 10 km 153,452 km/h, 100 km 162,002 km/h, 1000 km 146,637 km/h, 1 Stunde 162,609 km/h, 6 Stunden 147,798 km/h, 12 Stunden 137,039 km/h (anerkannt durch die FIM).

Diese großen Leistungen und Erfolge waren nur möglich durch die Umlegung der gewonnenen Erfahrungen in technisch perfekte Lösungen und Konstruktionen. Alle ZÜNDAPP-Maschinen, insbesondere die in diesem Prospekt vorgestellte KS 100 und KS 125 Sport entsprechen diesem Grundsatz. Sie sind bis ins Detail „geländesport-geprüft". Und das mit großem Erfolg.

Sportlichkeit auf der einen Seite – das reine Fahrvergnügen auf der anderen! Zielgruppe der Zündapp-Werbung: Mehr denn je die jungen Leute.

KS 125 Sport: Große Klasse rasant und schnell

Das Top-Modell ZÜNDAPP KS 12 Sport repräsentiert eine neue Spor maschinen-Kategorie. Aus jeder Blickwinkel findet die „aufwendige Technik viel Beifall. Sie resultiert au den Erfahrungen, die der harte Mo torrad-Geländesport fordert. Die 1 PS des fahrtwindgekühlten, voll i Gummi gelagerten „125-ccm-Trieb werks" liefern die Kraftreserven, ur auch schwerste Prüfungen zu beste hen. Der neue schrägverrippte Zylir der mit seiner gesteigerten Leistun sieht imposant aus und gewährleiste hervorragende Kühlung. Spurha tung und Kurvenlage erfüllen höchst Ansprüche bei jedem Tempo.

ZÜNDAPP KS 125 Sport, das best Pferd im Stall.

Führerschein Klasse 1, ab 18 Jahrer

ZÜNDAPP – immer Extraklasse!

Technik in Kürze

KS 125 Sport Typ 521-01 L5

Motor: fahrtwindgekühlter 125-ccm-Motor; 15 P schrägverrippter Leichtmetall-Zylinder mit hartve chromter Lauffläche; einsatzgehärtete Kurbelwel und Stahlpleuel; Spezial-Feinstfilter in großvolumige Ansauggeräuschdämpfer; Mehrscheiben-Ölbadkup lung; 5-Gang-Fußschaltung, Kickstarter; Höchstg schwindigkeit 120 km/h. **Elektrische Anlage:** 6 Vo 35-5/18 Watt; Scheinwerfer 35 Watt Bilux; Rücklic 5 Watt; Stopplicht 21 Watt. **Fahrgestell:** Doppelschle fenrahmen; 12-Liter-Tank, davon 3 Liter Reserv Leergewicht ca. 105 kg; zulässiges Gesamtgewic bis 290 kg. **Farbe:** racing-rot.

Serienmäßige Ausstattung: Doppelsitzbank, Soziu Fußrasten, Steckachsen vorn und hinten, Tachomete Batterie 6 Volt/ 12 Ah, Blinkleuchten, Horn, Spo Lenker, Sport-Armaturen, Rückspiegel, Kettenschut Nirosta-Schutzblech vorn, verchromtes Schutzble hinten.

ZÜNDAPP KS 125 Sport – ein Star in attraktiv Klasse.

Die neue Generation von Zündapp-Motorrädern zeichnete sich nicht zuletzt durch eine Menge Chrom aus. Der Rahmen erstrahlte bei der 125er in „Racing-Rot".

Außergewöhnliche Technik für eine außergewöhnliche Maschine: Motor und Fahrgestell - eine excellente Einheit

Da ist zum Träumen keine Zeit mehr, wenn das fahrtwindgekühlte „125-ccm-Kraftwerk" mit vollen 15 PS abzieht. Der neue schrägverrippte Zylinder mit gesteigerter Leistung wurde speziell für diese schnelle Maschine entwickelt. Hier liegen dem Kunden die langjährigen Erfolge im Motorsport buchstäblich in der Hand. „Six-days-proof" ist der echte Doppelschleifenrahmen. Mit seiner eleganten Form verbindet er optimale Verdreh- und Verwindungssteifheit. Dieses Fahrgestell können Sie „fordern".

Aktive Sicherheit

Supergroße Bremsen vermitteln viel Sicherheit. Die Leichtmetall-Vollnaben-Innenbackenbremsen der KS 125 Sport mit 150 mm Trommeldurchmesser (!) und eingegossenem Stahlmantel erfüllen höchste Erwartungen, denn sie packen schnell und sicher zu, ohne „giftig" zu werden. Bei diesen feindosierbaren Bremsen behalten Sie das atemberaubende Temperament der KS 125 Sport immer fest im Griff.

Richtig dosierte Federung

Die ZÜNDAPP-Federung, unter extremen Bedingungen erprobt, entspricht den hohen Anforderungen dieser hochkarätigen Maschine. Die hydraulisch gedämpfte Telegabel mit ihrer wohlproportionierten Lenkgeometrie sowie die Langschwinge mit hydraulisch gedämpften, stoßausgleichenden Federbeinen tragen zum komfortablen, aber auch sicheren Fahrverhalten entscheidend bei.

ZÜNDAPP-Motorräder: Stars in attraktiven Klassen - Modelle 1972 in fortschrittlicher Technik

Mit einem hohen Maß an Erfahrungen, begründet durch das technische „Gewußt wie", bietet Ihnen ZÜNDAPP Glanzpunkte, die in mehr als 50 Jahren Motorradbau wie in einem Computer gespeichert wurden.

ZÜNDAPP-Motorräder sind internationale Spitzenklasse dank überragender, sportlicher Erfolge. In ungezählten, harten Wettkämpfen sind alle ZÜNDAPP-Fahrzeuge zu dem geworden, was sie heute sind: Ausgewogen in Leistung und Technik. Ausgefeilt bis ins letzte Detail.

Täglich schenken Tausende in 138 Ländern der Welt mit ihrer Kaufentscheidung ZÜNDAPP das Vertrauen. Und Sie? „Er-Fahren" auch Sie die Dynamik dieser 50- und 125-ccm-Motorräder. Zum Erlebnis wird die Fahrt mit der rasanten KS 125 Sport. Mit einer technischen Delikatesse wartet die KS 50 Super Sport – Modell 1972 – auf: Der neue Super-Therm-Zylinder bietet noch mehr Dynamik.

ZÜNDAPP – immer Extraklasse!

ZÜNDAPP KS 50 Super Sport – das exklusive 50-ccm-Motorrad für junge Draufgänger.

Dem Alltag entfliehen, die Freiheit erleben

Raus aus der Enge der Stadt. Der bunten sonnendurchfluteten Landschaft entgegen. Zurück bleibt der graue Alltag, die Eintönigkeit der großen Straßen, das Verkehrsgewühl der Großstadt.
Mit einer ZÜNDAPP erleben Sie die Frische der Natur. Ob an einsamen Flußufern oder in entlegenen Tälern. Kein Ort, der nicht erreicht wird.
Nicht nur auf langen Fahrten oder im schwierigen Gelände, auch im Stadtverkehr beherrschen ZÜNDAPP-Maschinen tagtäglich die Situation. Die Leistungsfähigkeit und Zuverlässigkeit dieser Maschinen bringt Sie schnell und sicher ans Ziel.

Jugendliche Draufgänger fahren eine KS aus München – nicht etwa eine Honda oder Yamaha! Aber die Japaner hatten den deutschen Markt schon eingekreist . . .

Mit Optimismus gehen die siebziger Jahre zu Ende – zumindest scheint in der Werbung keine schwarze Wolke am Horizont zu sein. Dennoch waren die Tage der Motorradmarke Zündapp gezählt . . .

Zündapp in den achtziger Jahren

Mokicks und Leichtkrafträder bestimmten die Zweiradpalette bei Zündapp im letzten Jahrzehnt der Firmenexistenz. Ausgezeichnete Maschinen, aber zu teuer angesichts der zunehmenden Konkurrenz aus Fernost. Die 1977 bis 1983 gebaute KS 175 war genaugenommen das letzte „echte" Motorrad mit dem traditionsreichen Namen Zündapp, den es als Motorradmarke 62 Jahre lang gegeben hatte…

Sie hieß Hai 50, die aggressiv bemalte Fünfziger im Enduro-Look. Ein Mokick, aber in der Technik eine echte Zündapp . . .

Schon immer gab es die Leichtfüßigen à la Combinette unter dem Zündapp-Markenzeichen, und sie sorgten stets für guten Umsatz. Neu war die Leistungsbezeichnung in Kilowatt.

ZÜNDAPP

hai 50 – das neue Enduro-Mokick

Eine unheimlich „bissige" Maschine, wendig und schnell, mit allem, worauf es ankommt: Robust ist das Fahrwerk mit verwindungsfestem Stahlrohr-Rahmen. Die hydraulisch gedämpfte Teleskopgabel mit 150 mm Federweg und die verstellbaren Sportfederbeine mit 105 mm Federweg verfügen über genügend Reserven. Serienmäßige Ausstattung: griffige Stollenreifen, Sportarmaturen mit Staubschutz, asymmetrisches Einzel-Cockpit mit gut ablesbarem Tacho, Scheinwerferverkleidung mit integrierter Nummerntafel, flexible Kunststoff-Kotflügel, sportliche Doppelsitzbank, hochgezogener Schalenauspuff mit Schutzverkleidung, klappbare Fahrer-Fußrasten. Nachrüstmöglichkeit für Blinkanlage. 50-cm^3-ZÜNDAPP-Motor mit dem thermisch günstigen Leichtmetall-Zylinder. 2,5 kW bei 5500 min^{-1}. Leicht lassen sich die 4 Gänge schalten.
Auch als Enduro-Mofa **hai 25** lieferbar – ein Schlager unter den Mofas.

Technik in Kürze:
Enduro-Sozius-Mokick hai 50: fahrtwindgekühlter 50-cm^3-Motor (Gemisch 50:1); 2,5 kW; 4-Gang-Fußschaltung; Kickstarter; elektrische Anlage 6 Volt, 19-5/10 Watt, Rechteck-Scheinwerfer 15 Watt, Rücklicht 4 Watt, Bremslicht 5 Watt; Zentralrohr-Rahmen mit Unterzügen; 8,8-Liter-Tank; hydraulisch gedämpfte Teleskopgabel mit Faltenbalg; gedämpfte verstellbare Federbeine hinten; Stahlspeichenräder; Trommelbremsen 120 mm ∅; sportliche Doppelsitzbank; klappbare Fahrer-Fußrasten; asymmetrisches Einzel-Cockpit mit großem Tacho; Scheinwerferverkleidung mit Nummerntafel; Zündschloß; Bremslicht; Kettenschutz; Kunststoff-Kotflügel; hochgezogener Schalenauspuff mit Nachschalldämpfer; verchromter Gepäckträger mit Packtaschenhalter (links); Geländebereifung vorn 2,5×19", hinten 3,0×17"; Zünder mit Ladespule für Blinkernachrüstmöglichkeit; Lenkschloß. **Sonderzubehör:** Packtasche. **Farben:** rubin-rot, carrera-weiß.
Gesetzlich zulässige Höchstgeschwindigkeit 40 km/h. Bergsteigefähigkeit ca. 59%. Steuerfrei, ab 16 Jahren. **Führerschein:** Näheres Prospekt-Mitte.
Enduro-Mofa hai 25
wie hai 50, jedoch 3-Gang-Motor, Pedalkickstart, Einzel-Sitzbank. **Farben:** rubinrot, carrera-weiß. **Mofa-Prüfbescheinigung:** Näheres Prospekt-Mitte.

Die KS 80 mit Wasserkühlung – für hochtourige Zweitakter ganz up to date – von 1980/81. Jetzt kam auch Kunststoff in den „Karosseriebau“. Rasant die vordere Verkleidung mit integriertem Scheinwerfer und Windschutzscheibe!

ZÜNDAPP

KS 80 – unser neues Leichtkraftrad

Aus den Erfahrungen von mehr als 8 Jahren Herstellung wassergekühlter Motoren entstand dieses neue 80-cm^3-Leichtkraftrad. Das Fahrwerk ist eine Weiterentwicklung des lang bewährten Kleinkraftrades. Der Motor stellt eine Neukonstruktion dar. Er zeichnet sich durch einen enormen Durchzug aus niedrigen Drehzahlen aus. Die bei ZÜNDAPP seit Jahren bewährte Thermo-Syphon-Kühlung mit Selbstregeleffekt kühlt den Zylinder immer richtig. Eine Neuentwicklung ist auch das fußgeschaltete 5-Gang-Klauen-Getriebe. Die Schaltwege sind leichtgängig und kurz. Für die Stromabnehmer des Fahrzeuges erzeugt der Schwungmagnetzünder 75 Watt. Die KS 80 erhielt Kunststoffkotflügel hinten und einen Kunststoffspoiler. Zur Erhöhung der Fahrsicherheit hat die KS 80 eine alternierend blinkende Blinkanlage mit 10-W-Blinkleuchten und eine optische Leerlaufanzeige im Doppel-Cockpit.
Ab April '81 liefert ZÜNDAPP das noch attraktivere Modell “KS 80 Touring” (siehe Bild Rückseite).

Technik in Kürze:
Leichtkraftrad KS 80: wassergekühlter 78-cm^3-Motor (Gemisch 50:1); 6,4 kW bei 6000 min^{-1}; 5-Gang-Klauen-Getriebe; Elektronik-Zündung (HKZ) 6 Volt, 35/30/10 Watt; elektronischer Ladesatz mit integrierter Nickel-Cadmium-Batterie 1 Ah und Laderegelung; Rücklicht 5 Watt, Stopplicht 10 Watt, 4fach-Wechselstrom-Blinklichtanlage 10 Watt; Leichtmetall-Druckguß-Rahmen mit Zentralrohr und Unterzügen; 13,5-Liter-Tank; flüssigkeitsgedämpfte Teleskopgabel, dreifach verstellbare Federbeine, hydraulisch gedämpft; Alu-Druckguß-Laufräder; Scheibenbremse vorn 220 mm ∅, Trommelbremse hinten 150 mm ∅; 2-Mann-Stufensitzbank mit Heckspoiler; Doppel-Cockpit mit Tachometer und elektronischem Drehzahlmesser, Sicherheits-Zündschloß und Lenkschloß; Blinkkontroll-Lampen und Fernlichtanzeige, Kontroll-Lampe für Kühlwassertemperatur, Leerlaufkontroll-Lampe; Cockpit-Verkleidung; Blinkleuchten mit Sicherheits-Seitenstrahlern; Rückblickspiegel links und rechts; verchromter Gepäckträger. **Sonderzubehör:** Packtaschenhalter, Packtaschen. **Farben:** strato-silber, goldorange-lasur. Gesetzlich zulässige Höchstgeschwindigkeit 80 km/h. Bergsteigefähigkeit ca. 55%. Steuerfrei, ab 16 Jahren. **Führerschein:** Näheres Prospekt-Mitte.

Die letzte größere Maschine, die Zündapp auf den Markt brachte, war die 1977 vorgestellte KS 175 mit Wasserkühlung.

Rechts: Technische Details der KS 175. Es gab dieses Motorrad bis 1983. Eine ausgereifte Konstruktion, die aber zu teuer war, um in großen Stückzahlen absetzbar zu sein.

ZÜNDAPP

KS 175 – in echter ZÜNDAPP-Tradition

„Diese einzige wassergekühlte Maschine ihrer Klasse besitzt Eigenschaften, die sie besonders für den sportlichen Fahrer interessant macht: Der Motor hat für diese Klasse relativ viel Kraft, Fahrwerk und Feder-Dämpfungsabstimmung suchen ihresgleichen und die Ausstattung ist sinnvoll und praxisgerecht", schrieb das „Motorrad. Das bietet die KS 175: bewährten wassergekühlten Doppelmantel-Zylinder mit großen thermischen Reserven; Scheibenbremse 280 mm ∅ mit großer Bremszange. Großdimensionierte Telegabel. Rechteckiger Breitband-Scheinwerfer mit optimaler Lichtausbeute. Aerodynamische Cockpit-Verkleidung. Doppel-Cockpit mit Tachometer und Drehzahlmesser mit guter Anzeigegenauigkeit und Ablesbarkeit bei Tag und Nacht, Armaturen mit logisch angeordneten Bedienungselementen. Ein-Schlüssel-System für Zündung, Lenkschloß und verschließbare Sitzbank mit diebstahlsicherer Helmbefestigung. Heckspoiler und serienmäßiger Gepäckträger. Stopplicht für Hand- und Fußbremse.

Technik in Kürze:
Motorrad KS 175: 5-Gang-Motor; 163 cm^3; 13 kW bei 7400 min^{-1}; wassergekühlt; kontaktlose Elektronik-Zündung (HKZ) mit elektronischem Leistungsregler 6 Volt-35/30 Watt, Batterie 12 Ah, Rechteck-Scheinwerfer 35 Watt Bilux, Rücklicht 5 Watt, Stopplicht 21 Watt, 4fach-Blinkanlage 21 Watt, Horn; Doppelschleifen-Rohrrahmen; 14,25-Liter-Tank; Telegabel; Alu-Druckguß-Laufräder; vorn Hydraulik-Scheibenbremse 280 mm ∅, hinten Trommelbremse 160 mm ∅; 3fach verstellbare Federbeine hinten; Doppel-Cockpit mit Tachometer, elektronischem Drehzahlmesser, Sicherheits-Zündschloß und Kontroll-Leuchten für Blinker, Fernlicht und Kühlwassertemperatur; 4fach-Blinkanlage; Stopplicht für Hand- und Fußbremse; verschließbare Stufen-Sitzbank mit angebautem Spoiler; verchromter Gepäckträger; Stangen-Rückblickspiegel links und rechts; vorn nichtrostendes Edelstahl-Schutzblech, hinten Chrom-Schutzblech; Cockpit-Verkleidung. **Sonderzubehör:** Packtaschenhalter, Packtaschen. **Farben:** racing-rot, strato-silber.
Höchstgeschwindigkeit ca. 120 km/h. Bergsteigefähigkeit ca. 70%. **Führerschein:** Näheres Prospekt-Mitte

Sporterfolge – bis zuletzt das große Argument für Zündapp. Vor allem im Gelände bewiesen die Maschinen aus München immer wieder ihre Qualitäten.

ZÜNDAPP

Motorsport-Erfolge als Qualitätsbeweise

Über 12.000 Medaillen in mehr als fünf Jahrzehnten ruhmreicher Sportgeschichte sprechen allein für sich. Kein anderes Fabrikat in der Welt hat derartig viele Medaillen aufzuweisen.
Beim härtesten Vergleich der besten Motorräder der Welt, bei den „Sixdays“ 1979, wurde ZÜNDAPP zum 12. Mal beste Fabrikmannschaft der Welt, 1968 errang das Nationalteam auf ZÜNDAPP die Welttrophy, 1975 und 1976 die Mannschafts-Weltmeisterschaft. 1980 war ZÜNDAPP Mitgewinner der Silbervase bei den „Sixdays“ in Frankreich.
In der Europa-Gelände-Meisterschaft 1980 siegte ZÜNDAPP in den Klassen 100 und 175 cm^3 und liegt damit innerhalb 13 Jahren mit insgesamt 42 Europa-Gelände-Meisterschaften als erfolgreichstes Fabrikat weit an der Spitze aller Fabrikate.
In der Deutschen Geländemeisterschaft 1980 errang ZÜNDAPP die Meistertitel in den Klassen 100 und 125 cm^3.
Diese eindrucksvollen Erfolge sind realistische Härtetests und Voraussetzungen für die sprichwörtliche ZÜNDAPP-Zuverlässigkeit.

ZÜNDAPP schnell und zuverlässig

Im Frühsommer 1981 kam die KS 80 Touring auf den Markt. Sie entbehrte die Frontverkleidung, hatte aber Gepäck-Halterungen.

ERSTE KLASSE FAHREN -
FREIZEIT SPORT ALLTAG
ZÜNDAPP

Preiswert und fahrsympathisch – K80

Neu: Wasserkühlung und 12-
Volt-Bordnetz, die Ausstat-
tung mit H 4-Halogen-Front-
scheinwerfer u. das Design.

echnische Daten
lotor: wassergekühlter 80-cm^3-Motor
Gemisch 50:1); 6,3 kW (9,0 PS); bei
00 min^{-1};5-Gang-Klauengetriebe;Fuß-
haltung; Kickstarter. **Elektrische Anla-**
: kontaktloser wartungsfreier Zünder-
nerator (MHKZ) 12 Volt/130 Watt;
Volt spannunggeregeltes Gleichstrom-
z; Batterie 12 Volt/3 Ah; Scheinwerfer
-Licht, 12 Volt/60/55/4 Watt; Rück-/
plicht 4/10 Watt; Standlicht 4 Watt;
h-10-Watt-Gleichstrom-Blinkanlage.
rgestell: Zentralrohr-Rahmen mit
rzügen; Teleskopgabel 130 mm Fe-
eg; Rohr-Langarmschwinge mit Fe-
einen 82 mm Federweg; Dämpfung
hydraulisch; Alu-Druckguß-Laufräder
mit hydraulisch bet. Scheibenbremse 240
mm ø v. und Trommelbremse 120 mm ø h.;
Leergew. ca. 103 kg; zulässiges Gesamt-
gew. 270 kg. **Serienmäßige Ausstattung:**
Doppel-Sitzbank, Heckspoiler mit Werk-
zeugablagebox; 10,5-l-Chromtank; Steck-
achsen; Sozius-Fußrasten; Cockpit mit Ta-
chometer, elektron. Drehzahlmesser, Si-
cherheitszündschloß und Kontrolleuch-
ten für Fernlicht, Blinker, Leerlauf und
Kühlwasser-Temperatur; Cockpit-Ver-
kleidung; Blinkleuchten; Stopplicht für
beide Bremsen; Bereifung 2¾-17" verst.;
nichtrostendes Edelstahl-Schutzblech v.;
Kunststoff-Kotflügel h.; verchromter Ge-
päckträger mit Packtaschenhalterungen
und Trägerband; Bordwerkzeug. **Farben:**
metallic-rot, strato-silber.
Sonderzubehör: Packtaschen.
Ges. zul. Höchstgeschwindigkeit 80 km/h.
Bergsteigefähigkeit 65 %. Autobahn zu-
gelassen.

Neben einer großen Zahl von Mofas, Mopeds und Mokicks (sowie einem Roller namens R 50) hatte der letzte von Zündapp herausgegebene Verkaufsprospekt auch drei Achtziger zum Inhalt. Es gab die K 80, die KS 80 Super, die XS 80 für Geländefans. „Das Beste, das man kaufen und fahren kann", wie es hieß.

KS 80 Super – bestes Leichtkraftrad auf dem Markt

Das beweisen die Testergeb-
nisse.

Technische Daten
Motor: wassergekühlter 80-cm^3-Motor
(Gemisch 50:1); 7 kW (9,5 PS) bei 6000
min^{-1}; fußgeschaltetes 5-Gang-Klauen-
getriebe; Kickstarter. **Elektrische Anla-**
ge: kontaktloser wartungsfreier Zünder-
Generator (MHKZ) 12 Volt/130 Watt; 12
Volt spannunggeregeltes Gleichstrom-
netz; Batterie 12 V/9 Ah; Scheinwerfer mit
H4-Licht 12 Volt/60/55 Watt; Rück-/
Bremslicht 4/10 Watt; 4fach-10-Watt-
Gleichstrom-Blinkanlage. **Fahrgestell:**
Doppelschleifen-Rohrrahmen mit Drei-
eckschwinge; Teleskopgabel v. mit Feder-
weg 150 mm; 5fach verstellbares Zentral-
federbein h. mit Federweg 110 mm; Dämp-
fung hydraulisch; Alu-Druckguß-Lauf-
räder, hydraulisch betätigte Scheiben-
bremse vorn 240 mm ø, integrierte Trom-
melbremse hinten 150 mm ø mit optischer
Anzeige der Bremsbelagdicke; Leergew.
ca. 114 kg; zul. Gesamtgew. 300 kg. **Serien-**
mäßige Ausstattung: Doppel-Sitzbank
mit Heckspoiler; 15-l-Chromtank; Steck-
achsen; Sozius-Fußrasten; M-Lenker;
Cockpit mit Tachometer, elektron. Dreh-
zahlmesser, Sicherheits-Zündschloß und
Kontrolleuchten für Fernlicht, Blinker,
Leerlauf und Kühlwasser-Temp.; Cockpit-
Verkleidung; Lenkschloß; Blinkleuchten;
Sicherheits-Seitenstrahler; Stopplicht für
beide Bremsen; Bereifung v. 2,75-17" ver-
stärkt, h. 3,00-17" verst.; nichtr. Edelstahl-
Schutzblech vorn, Kunststoff-Kotflügel
hinten; verchromter Gepäckträger mit
Packtaschen-Halterungen und Träger-
band; Bordwerkzeug; Handschuhfach.
Farben: metallic-rot, strato-silber. **Son-**
derzubehör: Packtaschen, Seilschloß für
Hinterradsicherung.
Ges. zul. Höchstgeschwindigkeit 80 km/h.
Bergsteigefähigkeit ca. 55 %. Autobahn
zugelassen.

Die SX 80 (links) entwickelte 9 PS bei 6000 Touren. Wie umfangreich die Modellpalette kurz vor Torschluß noch war, macht die untenstehende Auflistung deutlich. Sie umfaßt nicht weniger als 17 Typen mit Motoren von 50 oder 80 ccm Hubraum.

Modell-Übersicht

Modell-bezeichnung	Motor ZÜNDAPP	Hubraum	Leistung kW/PS UPM	Kühlung	Gänge	Schaltung	Bremsen vorn/hinten T = Trommel S = Scheibe	Bereifung vorn/hinten	Kraft-stoff-behälter Inhalt	Fahrzeug-Leer-gewicht	Zulässiges Gesamt gewicht	Kraftstoff-Norm-verbrauch ca.	Gesetzlich zulässige Höchstge-schwindigkeit	Bergsteige-fähigkeit ca.	Fahrerlaubnis-bestimmungen
Mofa A 25	1-Zyl. 2-Takt	49,9 cm³	– 3800	Fahrt-wind	1 autom.	ohne	vorn – T hinten – T	2¼–17" Moped	6,5 Ltr.	ca. 53 kg	180 kg	1,5 Ltr. 100 km	25 km/h	14%	Mofa-Prüf-bescheinigung ¹)
Mofa X 25	1-Zyl. 2-Takt	49,9 cm³	– 2800	Fahrt-wind	2	Hand	vorn – T hinten – T	2¼–17" Moped	6,5 Ltr.	ca. 53 kg	180 kg	1,7 Ltr. 100 km	25 km/h	1. Gang 29%	Mofa-Prüf-bescheinigung ¹)
Mofa ZA 25	1-Zyl. 2-Takt	49,9 cm³	– 3800	Fahrt-wind	1 autom.	ohne	vorn – T hinten – T	2¼–17" Moped	6,5 Ltr.	ca. 60 kg	180 kg	1,5 Ltr. 100 km	25 km/h	14%	Mofa-Prüf-bescheinigung ¹)
Mofa ZX 25	1-Zyl. 2-Takt	49,9 cm³	– 2800	Fahrt-wind	2	Hand	vorn – T hinten – T	2¼–17" Moped	6,5 Ltr.	ca. 60 kg	180 kg	1,7 Ltr. 100 km	25 km/h	1. Gang 29%	Mofa-Prüf-bescheinigung ¹)
Mofa ZL 25	1-Zyl. 2 Takt	49,9 cm³	– 2800	Fahrt-wind	2	Hand	vorn – T hinten – T	2½–17" Moped	6,5 Ltr.	ca. 60 kg	180 kg	1,7 Ltr. 100 km	25 km/h	1. Gang 28%	Mofa-Prüf-bescheinigung ¹)
Mofa ZS 25	1-Zyl. 2-Takt	49,9 cm³	– 2800	Fahrt-wind	3	Hand	vorn – T hinten – T	2½–17" Moped	6,5 Ltr.	ca. 62 kg	180 kg	1,7 Ltr. 100 km	25 km/h	1. Gang 40%	Mofa-Prüf-bescheinigung ¹)
Mofa CS 25	1-Zyl. 2-Takt	49,9 cm³	– 4000	Fahrt-wind	3	Hand	vorn – T hinten – T	2¾-17" reinforced	8,8 Ltr.	ca. 76 kg	200 kg	1,5 Ltr. 100 km	25 km/h	1. Gang 34%	Mofa-Prüf-bescheinigung ¹)
Enduro-Mofa CX 25	1-Zyl. 2-Takt	49,9 cm³	– 4200	Fahrt-wind	3	Hand	vorn – T hinten – T	v. 2,50–19" h. 3.00–17"	8,8 Ltr.	ca. 76 kg	200 kg	1,5 Ltr. 100 km	25 km/h	1. Gang 33%	Mofa-Prüf-bescheinigung ¹)
Moped ZA 40	1-Zyl. 2-Takt	49,9 cm³	1,8/2,5 5000	Fahrt-wind	1 autom.	ohne	vorn – T hinten – T	2¼–17" Moped	6,5 Ltr.	ca. 60 kg	160 kg	2,1 Ltr. 100 km	40 km/h	13%	Führerschein Klasse 4 ²)
Mokick ZE 40	1-Zyl. 2-Takt	49,9 cm³	2/2,7 5200	Fahrt-wind	3	Fuß	vorn – T hinten – T	2½–17" reinforced	6,5 Ltr.	ca. 67 kg	240 kg	1,5 Ltr. 100 km	40 km/h	1. Gang 39%	Führerschein Klasse 4 ²)
Mokick-Roller R 50	1-Zyl. 2-Takt	49,9 cm³	2,2/3 4900	Gebläse	3	Fuß	vorn – T hinten – T	3,00–10"	7,5 Ltr.	ca. 83 kg	240 kg	2,3 Ltr. 100 km	40 km/h	1. Gang 28%	Führerschein Klasse 4 ²)
Mokick CS 50	1-Zyl. 2-Takt	49,9 cm³	2,1/3 5000	Fahrt-wind	4	Fuß	vorn – T hinten – T	2¾–17" reinforced	10,5 Ltr.	ca. 88 kg	260 kg	1,8 Ltr. 100 km	40 km/h	1. Gang 46%	Führerschein Klasse 4 ²)
Mokick GTS 50	1-Zyl. 2-Takt	49,9 cm³	2,1/3 5000	Wasser	5	Fuß	vorn – S hinten – T	2¾–17" reinforced	10,5 Ltr.	ca. 99 kg	270 kg	1,9 Ltr. 100 km	40 km/h	1. Gang 46%	Führerschein Klasse 4 ²)
Leichtkraftrad K 80	1-Zyl. 2-Takt	78,1 cm³	6,3/9,0 6000	Fahrt-wind	5	Fuß	vorn – S hinten – T	2¾–17" reinforced	10,5 Ltr.	ca. 98 kg	270 kg	2,6 Ltr. 100 km	80 km/h	55%	Führerschein Klasse 1b ³)
Leichtkraftrad K 80	1-Zyl. 2-Takt	78,1 cm³	6,3/9,0 6000	Wasser	5	Fuß	vorn – S hinten – T	2¾–17" reinforced	10,5 Ltr.	ca. 103 kg	270 kg	2,6 Ltr. 100 km	80 km/h	65%	Führerschein Klasse 1b ³)
Leichtkraftrad KS 80 Super	1-Zyl. 2-Takt	78,1 cm³	7/9,5 6000	Wasser	5	Fuß	vorn – S hinten – T	2,75–17" R 3,00–17" R	15,0 Ltr.	ca. 114 kg	300 kg	2,5 Ltr. 100 km	80 km/h	55%	Führerschein Klasse 1b ³)
Leichtkraftrad Enduro SX 80	1-Zyl. 2-Takt	78,1 cm³	6,3/9,0 6000	Fahrt-wind	5	Fuß	vorn – T hinten – T	2,75–21" 3,50–18" Enduro	7,7 Ltr.	ca. 98 kg	300 kg	2,6 Ltr. 100 km	80 km/h	60%	Führerschein Klasse 1b ³)

¹) Ab 15 Jahren (in Hessen ab 14 Jahren) nur für nach dem 1. 4. 1965 Geborene. Steuerfrei. ²) Ab 16 Jahren. Seit 1. 4. 1980 Klasse 4 neu mit theoretischer und praktischer Prüfung. Außerdem alle Führerscheine der Klassen 1, 2, 3, 4 und 5. Steuerfrei. ³) Ab 16 Jahren. Klasse 1b mit theoretischer und praktischer Prüfung. Generell 1, auch 2, 3 und 4, wenn vor dem 1. 4. 1980 erworben. Steuerfrei.
Schutzhelm-Tragepflicht für Mokick und Leichtkraftrad. Nichtbefolgung kostet Bußgeld.

In Heft 2/1949 – es war das erste Erscheinungsjahr der neubelebten Zeitschrift ***Das Motorrad*** – erschien ein ausführlicher Test der Zündapp DB 200. Chefredakteur Gustav Mueller verfaßte seine Berichte mit viel Liebe zum Detail und einer Portion Humor, die seinen Stil prägte. Er schrieb:
„Ich habe die DB 200 ‚Bel ami' getauft. Sie kennen ja das schöne Lied von Willy Forst? Da wird genau aufgeführt, was der Bel ami alles nicht ist oder nicht hat. Mit der Zündapp ist es ähnlich. Sie hat keine Telegabel, keine Fußschaltung, keinen Schwingsattel, keine Hinterradfederung – und dennoch!"
Diese DB 200 war durchaus kein Luxusgefährt. Aber sie hatte Eigenschaften, die Mueller ohne Pathos hervorhob: „Die Zündapp ist in der Spitze nicht sehr schnell, aber das Mittel aus zwei Stoppungen in beide Richtungen über den Kilometer bei stark böigem Wind ergab immerhin den sehr beachtlichen Wert von 84 km/h, und man kann sie in der Kurve ausgesprochen sportlich fahren. Obwohl ich die Fußrasten hochgesetzt hatte, mußte ich die Fußspitzen immer wieder hochnehmen, weil man die Maschine ohne das geringste Risiko so scharf in die Kurve legen kann, daß man sonst mit der Fußspitze aufkommt."
Weniger angetan war der Tester von der Qualität des Sattels, der ihm vermutlich ein wenig zu hart war: „Der Fabrikant dieser Sättel hat entweder einen ... wie ein 80-Taler-Pferd oder hat seine Fabrikate nie selbst benutzt! Ich habe mir erst einmal eine 20 mm starke Leichtgummiauflage besorgt; damit ging es dann ganz gut ... "
Begeistert war der Tester hingegen vom Handling der Zweitaktmaschine: „Der DB-Motor ist ein absolut sicherer Starter, auf den man Wetten abschließen kann. Bei kaltem wie bei warmem Wetter ein Tritt zum Ansaugen, und beim zweiten ist er da. Vergaser nicht zu stark überlaufen lassen, nur gerade so, daß der Brennstoff am Tupfer sichtbar wird. Lufthebel zum Start ganz schließen. Bei warmem Motor natürlich gar nicht tupfen, sondern lediglich den Brennstoffhahn öffnen und warten, bis das Schwimmergehäuse voll ist."
Sogar der damals eigentlich schon veralteten Handschaltung konnten ein paar Pluspunkte abgewonnen werden, ebenso beurteilte man die Bremsen der DB 200 als hervorragend:
„Ein ganz großer Pluspunkt sind wiederum die Bremsen. Ich kann mich nicht entsinnen, bei einer Maschine der unteren Preisklasse derartig hervorragende Bremsen gefunden zu haben. Die Bremsen sind wunderbar weich und ziehen dennoch gewaltig. Man kann deshalb sehr scharf fahren, weil man sich auf diese Anker hundertprozentig verlassen kann."
Am Ende erschien dem Tester dieses Motorrad als die „Verkörperung der Zuverlässigkeit", jedermann bestens zu empfehlen.
Zwei Jahre später testete die gleiche Zeitschrift die neue Version des „Grünen Elefanten" KS 601. Die schwere Maschine war wie meistens mit Seitenwagen ausgerüstet und verlangte vom Fahrer ordentliches Zupacken: „Die KS 601 ist eine ausgesprochen männliche Angelegenheit! Man möchte da schon richtig hinfassen. Nicht, daß sie einen anstrengt, keineswegs, aber wenn man in einem Rutsch nur mit drei Tankpausen 800 Kilometer runtersägt, dann weiß man abends, daß auf den Schulterblättern offenbar auch noch Muskeln sind."
Dieses Gespann bot für damalige Verhältnisse spektakuläre Beschleunigungszeiten, so daß ein gesundes Maß an Fahrkönnen vorausgesetzt werden mußte: „Bis jenseits 60 km/h hat man noch eine mittlere Beschleunigung von 2,5 m/sec, dem Zweiten ist also im Stadtverkehr kein Kraut gewachsen, zumal die Ventile erst knapp vor 70 zu rasseln anfangen. Bei uns hieß der Zweite einfach ‚Kompressorgang', bevor sich da im Stadtverkehr einer die Augen reibt, ist man vorbei."

Etwas gewöhnungsbedürftig, wenn auch nicht gerade unbequem war die Sitzposition des Fahrers beim KS-601-Gespann:

„Die Fußrasten sitzen fast unter Sattelmitte, man hat also die Füße weit zurück, die Knie stark abgewinkelt – ein Verbrechen gegenüber einem der heiligsten Gesetze der Fahrwerkauslegung. Man hängt gottverboten da drauf! Und trotzdem: Ohne es vorher zu merken, ertappte ich mich immer wieder, wie ich dennoch nicht mit den Fußgelenken, sondern mit den Fußspitzen auf den Rasten stand. Ich habe außerdem keine zwanzig Kilometer insgesamt im Sattel gesessen, wohl aber runde sechs- oder siebentausend Kilometer nur mit den Oberschenkel auf dem Sattel gehangen. Ob ihr es glaubt oder nicht – ohne müde zu werden, ich habe mich noch selten auf einer Maschine so wohl gefühlt."

Begeistert zog der Tester das Schlußresümee: „Brutaler Motor, für noch mehr Leistung wäre keine Verwendung, da aus fahrtechnischen Gründen Mehrleistung nicht ausnützbar wäre. Beste Bremsleistung, die bisher von einem deutschen Motorrad gezeigt wurde. Unwahrscheinliche Straßenlage, jegliches Schlenkern ist zentimetergenau beherrschbar. Eine Maschine, deretwegen man sich leichthin so gut wie alles verkneifen kann, nur um sie bezahlen zu können."

Im Sommer 1954 befaßte sich ***Das Motorrad*** mit der Zündapp Elastic, Vertreter einer neuen Motorradgeneration mit Hinterradschwinge. Zunächst prüfte man den Motor, den man zwar als „Bauernmotor" bezeichnete, der aber, vor allem in der 250-ccm-Version, doch genügend Leistung bot:

„Das äußert sich dann so, daß beispielsweise ein sehr gut gefahrener VW – also der alte mit der Leistung von 24 PS – alle Mühe hat, eine Elastic überhaupt halten zu können. (Dazu gehörte bisher immerhin eine 350er mit Standardfahrwerk!) Selbst auf der Autobahn, wo für die Beschleunigung keine Verwendung besteht, läuft die Elastic dem VW auf Gegenwindstrecken und in Steigungen glatt weg, der VW kann erst in den Gefällen wieder aufholen, wenn er sich traut, auf 120 km/h hochzuziehen, was man bei der Elastic nicht so ohne weiteres riskiert."

Im Fahrverhalten hatte die Elastic einiges mehr zu bieten als eine Maschine mit Standardfahrwerk:

„Die Straßenlage und überhaupt die Handlichkeit auch im Gelände ist so, daß sie einen über das tatsächliche Gewicht der Maschine gewaltig täuscht. Man hat das Gefühl, mit einer leichten 125er herumzuwetzen, kann also so durch Wasserrasten und über Geröllstrecken gehen, kann sie auch schräg an Hängen und an hartgetrockneten Wagenspuren hinaufpressen – wobei einem natürlich die hohe Maschinenleistung sehr zustatten kommt, die einer 125er ja weit überlegen ist – um erst nach dem Anhalten mit einigem Erstaunen zu bemerken, daß die Maschine eben doch ihre runde 150 kg mitbringt: Man merkt es spätestens dann, wenn die Maschine umfallen will."

Negative Eigenschaften konnten eigentlich nur im Lenkverhalten bemerkt werden:

„Maschinen mit Schwinggabel-Hirafe neigen alle zu einer ganz eigentümlichen Pendelei der Lenkung. Diese Lenkerpendelei kann so schwach sein, daß sie gar nicht auffällt oder für etwas anderes gehalten wird, sie kann auch so stark sein, daß sie objektiv lebensgefährlich wird."

Doch hatten mit diesem Problem auch andere gute Motorräder zu kämpfen, und die Elastic hinterließ im ganzen gesehen einen sehr ausgewogenen und qualitätsvollen Eindruck.

Den nächsten Test über die Zündapp 250 S von 1957 führte dann „Klacks" (Ernst Leverkus) durch. Große Bewunderung wurde dabei dem zwar weichen, dennoch sicheren und sportlichen Fahrwerk der 250 S gezollt. Auch

der Motor war im Sinne von problemloser Handhabung weiterentwickelt worden:
„Beinahe scheint es so, als wenn wir jetzt auch bei den Motorrädern endlich Motoren kriegen, bei denen die blöde Einfahrbummelei und Klemmerangst nicht mehr nötig ist. Beim Motor der 250 S ist das der Fall. Zylinder, Zylinderdeckel, Kurbelhaus und die schräg nach vorn stehende Zündkerze werden hinter dem extrem schmalen vorderen Kotflügel sehr gut vom Fahrtwind erreicht, auch das Kurbelhaus hat vorn eine gerippte Abdeckung."
In der Zusammenfassung der Testeindrücke kam der Charakter dieser Maschine deutlich zum Ausdruck:
„Das Fahrwerk der 250 S beweist aber, wie weit man vorhandene Motorleistung ausnutzen kann. Mit dieser ‚nur' 15 PS aufweisenden 250er stößt man doch glatt in die Bereiche von Maschinen vor, die in dieser Klasse noch einige PS mehr drin haben, und das Ansehen der ‚lahmen' 15 PS 250er wird durch diese Maschine bei den Freunden sportlichen Fahrens gewaltig steigen, wenn mal der eine oder andere wirklich erfaßt hat, was ihm mit der modernen Zündapp geboten wird."
Mit dem Modell KS 100 beschäftigte sich ***Das Motorrad*** 1964, wobei deutlich der Unterschied zu früheren, großvolumigeren Maschinen zutage trat:
„Daß ein solcher Motor erst von einer bestimmten Drehzahl ab seinen richtigen ‚Wind' bekommt und daß man bei ihm das Vierganggetriebe richtig einsetzen muß, wenn man die Möglichkeit eines derartigen Triebwerks ausschöpfen will – damit muß sich der Fahrer einer Maschine wie der KS 100 abfinden; hier liegt der eklatante Unterschied zum alten Bauernmotor, der die gleiche Leistung bei der halben Drehzahl aus dem doppelten Hubraum erbrachte."
Im weiteren überzeugte auch dieses kleine Motorrad wieder durch beste Fahreigenschaften und ebensolche Verarbeitung:
„Die KS 100 zu sehen ist schon eine Freude: Hier steht ein echtes Motorrad, das schon in seiner äußeren Anlage und seiner ganzen Linienführung, nicht zuletzt in seiner geschickten Farbgebung gelungen ist. Es birgt aber auch innerlich alle Voraussetzungen, die eine intensive Modellpflege und Weiterentwicklung lohnend erscheinen lassen."
1975 – das Motorrad begann sich bereits zum Freizeit- und Spaßfahrzeug zu mausern – wurde von ***Das Motorrad*** die sportliche KS 125 geprüft. Erfreulich waren die munteren Fahrleistungen dieses Kleinmotorrades:
„Wer eine 125er, speziell die hier getestete Zündapp KS 125, erst einmal in ihren Fahrleistungen erkannt hat, der wird überrascht sein. Was glauben Sie, was man mit so einer ‚Fahrmaschine', etwa im Schwarzwald, im Gerangel mit großvolumigen Motorrädern alles anstellen kann?"
Peinlich war da schon eher, daß während des Tests zweimal der Kickstarter abbrach, und zu lange Schaltwege kosteten sicher ein paar Zehntelsekunden in der Beschleunigung. Doch wurden die Tester durch ein außergewöhnlich gutes Fahrwerk wieder versöhnt:
„Keinen Vergleich in puncto Straßenlage braucht das Fahrwerk zu scheuen. Schon äußerlich macht es einen sehr vertrauenserweckenden Eindruck mit dem sauber verarbeiteten Doppelschleifen-Rohrrahmen, der an allen Knotenpunkten sorgfältig versteift ist, den serienmäßig aufgezogenen Metzeler-Reifen und den Koni-Federbeinen. Beim Fahren wird der optische Eindruck so verstärkt, daß jeder schon nach wenigen Kilometern gemischter Fahrstrecke sagen muß, eine so hervorragende Straßenlage werde von den Konkurrenzmodellen, besonders denen aus Japan, nicht im entferntesten erreicht."
Aber es gab auch einige Kritikpunkte wie die mickrigen Instrumente, eine schlechte Lichtausbeute und unprakti-

sche Hebel in der damals neuen „Europa-Form". Trübten diese Unzulänglichkeiten auch das Gesamtbild dieser Maschine, so empfahlen die Tester doch am Ende, die KS 125 ernsthaft in Kaufüberlegungen einzubeziehen.
1979 unterzog **Das Motorrad** die KS 175 einem Langstreckentest über 12 500 Kilometer. Ärger bereitete ein Kolbenfresser durch einen abgerutschten Kühlwasserschlauch, und dreimal brachen die Haltefedern des Auspuffkrümmers. Eine Anzahl weiterer kleiner Defekte trieb die ohnehin schon hohen Kosten für so ein kleines Motorrad, das fast 4000 Mark kostete, weiter nach oben, so daß die Tester meinten:
„Die Vielzahl kleiner Ärgernisse und Schäden, zusammen mit der relativ teuren Benzin-Ölmischung trieb die Kilometerkosten hoch. 19,2 Pfennige waren für Betrieb und Instandhaltung pro Kilometer aufzubringen. Das ist ebensoviel, ja mehr, als in der Leistung doppelt und dreimal so starke Motorräder in bisherigen Langstreckentests erforderten.
Da auch die Anschaffungskosten der Zündapp KS 175 mit rund 4000 Mark nicht gerade niedrig liegen, bleibt für den Käufer der wesentliche finanzielle Vorteil auf die verhältnismäßig geringen Aufwendungen für Steuer und Versicherung beschränkt."
Eine KS 80 Touring mit Stufensitzbank durchlief 1981 die Testabteilung von **Das Motorrad.** Diese Sitzgelegenheit schien dem Tester keine Vorteile zu bieten:
„Ursache der üblen Nebenwirkung ist die Sitzbankform. Denn der in Kunstleder verpackte, geschäumte Kern ist in seiner ersten Stufe parabelförmig nach hinten hochgezogen. So bietet die zunehmend ansteigende Sitzfläche dem Chauffeur auf Dauer keinen Halt. Er rutscht wie zwischen Kamelhöckern."
Gelobt wurde indessen die gute Ausstattung der Maschine, während das spärliche Abblendlicht noch immer Kummer bereitete. Ansonsten bestach das teure 80-

Stefan Dörflinger auf einer RSM 80 auf der Misano-Rennstrecke, 1984.

ccm-Leichtkraftrad (4230 Mark) durch hervorragende Reisetauglichkeit:
„Hinzu kommen eine selbst in höheren Hubraumklassen nicht immer anzutreffende erlaubte Zuladung von 192 Kilogramm und die relativ große Reichweite von knapp 400 Kilometern dank hoher Tankkapazität (13,5 Liter Inhalt). Ein Packtaschenset aus Skai-Kunstleder mit Aluminiumverstärkung innen liefert das Werk auf Wunsch für 112 Mark."
Letzte Neuentwicklung Zündapps vor dem Konkurs 1984 war die 1982 vorgestellte KS 80 Super mit Doppelschleifenrahmen und Zentralfederbein. Der Motor und das enggestufte Fünfganggetriebe wurden fast unverändert vom Vorgänger übernommen, und der neue Rahmen versprach beste Allroundtauglichkeit:
„Die Zentralfederung hinten ermöglicht 110 Millimeter Federweg, gemessen an der Hinterachse. Das reicht zusammen mit den 150 Millimetern der vorderen Teleskopgabel mehr als genug für ausreichenden Komfort, zumal die Federung weich anspricht und nicht durchschlägt. Selbst mit zwei Personen bleibt immer noch genügend Restfederweg, um auf schlechteren Straßen noch angenehm zu reisen."

Bücher für den Zündapp-Liebhaber

Nur wenige Bücher befassen sich mit Zündapp-Motorrädern oder der Geschichte dieser Firma. Wohl aber sind in einigen Motorrad-Büchern Zündapp-Kapitel enthalten, und besonders reichhaltig ist die Auswahl von Reprints älterer Reparaturanleitungen, Ersatzteillisten und Werkstatthandbüchern (meist im WK-Verlag, Bad Salzuflen, erschienen). Diese hier komplett aufzulisten würde den Rahmen sprengen. Die Chronik des Hauses Zündapp, herausgegeben vom Werk im Jahre 1977 unter dem Titel „60 Jahre Zündapp-Technik", ist wohl das meistgesuchte Buch über diese Marke – leider findet man es (wenn überhaupt) nur noch antiquarisch.

Zündapp – Aufstieg und Niedergang von Ulrich Kubisch. Diese Firmengeschichte mit interessanten Hintergrundberichten und seltenem Fotomaterial dokumentiert 67 Jahre Technik von 1917 bis 1984. 192 S., 287 SW- und 12 Farbabb.

Klassische Motorräder aus acht Jahrzehnten von Alan Cathcart. Dieser Band enthält auch ein Kapitel über die Marke Zündapp. 200 S., 96 Farb- und 310 SW-Fotos.

Motorräder – Berühmte Konstruktionen, Band 1 von Erwin Tragatsch. Ein Artikel über die Marke Zündapp. 9 S., 17 Fotos und Zeichnungen. Insges. 198 S., 309 SW-Abb.

Motorräder – Berühmte Marken von H. Krackowizer. Ein Kapitel über die Marke Zündapp. 14 S., 3 Farb- und 17 SW-Abb. Gesamt 304 S., 84 Farb- und 251 SW-Abb.

Dieses Leichtmotorrad stellte tatsächlich eine geglückte und vielversprechende Neukonstruktion dar, die zu mancher Hoffnung Anlaß gab: „Sämtliche Baugruppen sind an der neuen Zündapp KS 80 Super so kräftig dimensioniert, daß aus der Achtziger durchaus auch ein hubraum- und leistungsstärkeres Motorrad werden könnte. Sogar eine Enduro könnte auf Basis dieses Rahmens entstehen. Zündapp-Chef Dr. Dieter Neumeyer schließt ein Nachfolgemodell jedenfalls nicht aus: ‚Die KS 80 Super wäre doch die ideale Basis für ein Einsteigermotorrad.' "
Leider sollte dieser Fahrbericht der letzte sein, der ein Zündapp-Motorrad betraf ...

Technische Daten 1947–1984

Typ	Derby DB 200	KS 600	KS 601	KS 601 Sport	KS 601 Elastic	Derby DB 201
Baujahr	1947–1951	1949–1950	1950–1957	1952–1958	1956–1957	1950–1951
Motor	1 Zyl. 2-Takt	2 Zyl. 4-Takt	2 Zyl. 4-Takt	2 Zyl. 4-Takt	2 Zyl. 4-Takt	1 Zyl. 2-Takt
Hubraum	198 ccm	597 ccm	597 ccm	597 ccm	597 ccm	198 ccm
Bohrung x Hub	60 x 70 mm	75 x 67,6 mm	75 x 67,6 mm	75 x 67,6 mm	75 x 67,6 mm	60 x 70 mm
Leistung PS	7	28	28	34	34	7,5
Bei U/min	4000	4700	4700	6000	6000	4000
Vergaser	Bing 20 Ø	1 Amal 25,4 Ø	2 Bing à 25 Ø	2 Bing 25 Ø	2 Bing 25 Ø	Bing 20 Ø
Getriebeart	Klauengetriebe	Kettengetriebe	Kettengetriebe	Kettengetriebe	Kettengetriebe	Klauengetriebe
Gänge	3	4	4	4	4	3
Schaltung	Handschaltung am Tank	Fuß-/Handnothebel	Fußschaltung	Fußschaltung	Fußschaltung	Handschaltung am Tank
Sekundärantrieb	Kette	Kardan	Kardan	Kardan	Kardan im Schwingenholm	Kette
Bereifung	19 x 3,0	19 x 3,5	19 x 3,5	19 x 3,5	19 x 3,5	19 x 3,25
Tankinhalt	12 Liter	15 Liter	14,5 Liter	14,5 Liter	14,5 Liter	12 Liter
Leergewicht	117 kg	195 kg	224 kg	216 kg	216 kg	121 kg
Höchstgeschw.	85 km/h	145 km/h	140 km/h	155 km/h	155 km/h	85 km/h
Verbrauch	2,5 Liter	4,5 Liter	5,3 Liter	5,8 Liter	5,8 Liter	2,6 Liter

Typ	Derby DB 202	Comfort DB 203	Norma DB 204	Norma Luxus DB 234	B 250	Elastic 200 DB 205
Baujahr	1951–1952	1952–1953	1952–1953	1953–1955	1953	1953–1955
Motor	1 Zyl. 2-Takt	1 Zyl. 2-Takt	1 Zyl. 2-Takt	1 Zyl. 2-Takt	2 Zyl. 4-Takt	1 Zyl. 2-Takt
Hubraum	198 ccm	198 ccm	198 ccm	198 ccm	247 ccm	198 ccm
Bohrung x Hub	60 x 70 mm	60 x 70 mm	60 x 70 mm	60 x 70 mm	54 x 54 mm	60 x 70 mm
Leistung PS	7,5	8,7	8,3	8,3	18,5	9,5
Bei U/min	4000	4250	4600	4600	7000	4700
Vergaser	Bing 22 Ø	Bing Doppelvergaser 18/17 Ø	Bing Doppelvergaser 18/17 Ø	Bing Doppelvergaser 18/17 Ø	2 Bing 24 Ø	Bing Doppelvergaser 18/17 Ø
Getriebeart	Ziehkeil	Ziehkeil	Ziehkeil	Ziehkeil	Kettengetriebe	Ziehkeil
Gänge	4	4	4	4	4	4
Schaltung	Fußschaltung	Fußschaltung	Fußschaltung	Fußschaltung	Fußschaltung	Fußschaltung
Sekundärantrieb	Kette	Kette im geschl. Kettenkasten	Kette	Kette im geschl. Kettenkasten	Kardan im Schwingenholm	Kette im geschl. Kettenkasten
Bereifung	19 x 3,25	19 x 3,25	19 x 3,0	19 x 3,0	16 x 3,5	19 x 3,25
Tankinhalt	12 Liter	12 Liter	12 Liter	13,5 Liter	15 Liter	14,7 Liter
Leergewicht	125 kg	130 kg	122 kg	132 kg	165 kg	141 kg
Höchstgeschw.	85 km/h	90 km/h	90 km/h	85 km/h	120 km/h	95 km/h
Verbrauch	2,6 Liter	2,4 Liter	2,4 Liter	2,5 Liter	4,0 Liter	2,1 Liter

Typ	KS 100	KS 125 Sport	KS 125 Sport	GS/MC 125	KS 175	KS 80 Super
Baujahr	1967–1971	1971–1972	1972–1976	1970–1976	1977–1983	1984
Motor	1 Zyl. 2-Takt	1 Zyl. 2-Takt	1 Zyl. 2-Takt	1 Zyl. 2-Takt	1 Zyl. 2-Takt	1 Zyl. 2-Takt
Hubraum	98 ccm	123 ccm	123 ccm	123 ccm	163 ccm	78 ccm
Bohrung x Hub	48 x 54 mm	54 x 54 mm	54 x 54 mm	54 x 54 mm	62 x 54 mm	46 x 47 mm
Leistung PS	8,2	15	17	18/19	17	9,5
Bei U/min	6800	7500	7900	7900	7400	6000
Vergaser	Bing 19 Ø	Bing 26 Ø	Bing 27 Ø	Bing 27 Ø	Mikuni	Bing 21 Ø
Getriebeart	Ziehkeil-Kugelschaltung	Ziehkeil-Kugelschaltung	Ziehkeil-Kugelschaltung	Ziehkeil-Kugelschaltung	Ziehkeil-Kugelschaltung	Klauen-getriebe
Gänge	5	5	5	5	5	5
Schaltung	Fußschaltung	Fußschaltung	Fußschaltung	Fußschaltung	Fußschaltung	Fußschaltung
Sekundärantrieb	Kette im geschl. Kettenkasten	Kette abgedeckt	Kette abgedeckt	Kette	Kette abgedeckt	Kette
Bereifung	17 x 2,50 (2,75)	18 x 2,75 (3,25)	vorne 18 x 2,75 hinten 18 x 3,25	vorne 21 x 3,00 hinten 18 x 3,50	vorne 18 x 2,75 hinten 18 x 3,25	vorne 17 x 2,75 hinten 17 x 3,00
Tankinhalt	13,5 Liter	12 Liter	14,25 Liter	10,2 Liter	14,25 Liter	15 Liter
Leergewicht	95 kg	105 kg	116 kg	107/99 kg	121 kg	114 kg
Höchstgeschw.	100 km/h	120 km/h	125 km/h	106/90 km/h	125 km/h	80 km/h
Verbrauch	3,2 Liter	4,5 Liter	5 Liter	5,5 Liter	5 Liter	2,6 Liter

Typ	Elastic 250 DB 255	200 S 201 S	175 S 175 Trophy S	250 S 250 Trophy S	Falconette KS 75	KS 100
Baujahr	1954–1955	1955–1958	1956–1963	1956–1963	1959–1963	1963–1966
Motor	1 Zyl. 2-Takt	1 Zyl. 2-Takt	1 Zyl. 2-Takt	1 Zyl. 2-Takt	1 Zyl. 2-Takt	1 Zyl. 2-Takt
Hubraum	246 ccm	197 ccm	174 ccm	246 ccm	75 ccm	98 ccm
Bohrung x Hub	67 x 70 mm	64 x 62 mm	60 x 62 mm	67 x 70 mm	48 x 41,8 mm	50 x 50 mm
Leistung PS	13	12	10,5	14,5	5,6	7
Bei U/min	5200	5400	5400	5500	6200	6300
Vergaser	Bing 26 Ø	Bing 24 Ø	Bing 24 Ø	Bing 26 Ø	Bing 17 Ø	Bing 22 Ø
Getriebeart	Ziehkeil	Ziehkeil	Ziehkeil	Ziehkeil	Ziehkeil-Kugelschaltung	Ziehkeil-Kugelschaltung
Gänge	4	4	4	4	4	4
Schaltung	Fußschaltung	Fußschaltung	Fußschaltung	Fußschaltung	Fußschaltung	Fußschaltung
Sekundärantrieb	Kette im geschl. Kettenkasten	Kette im geschl. Kettenkasten	Kette im geschl. Kettenkasten	Kette im geschl. Kettenkasten	Kette im geschl. Kettenkasten	Kette im geschl. Kettenkasten
Bereifung	19 x 3,25	16 x 3,25	16 x 3,25	16 x 3,25	21 x 2,75	16 x 2,75
Tankinhalt	14,7 Liter	14/13,5 Liter	14/13,5 Liter	13,5 Liter	11,5 Liter	11,5 Liter
Leergewicht	147 kg	131/133 kg	131/133 kg	136 kg	76 kg	89 kg
Höchstgeschw.	100 km/h	100 km/h	95 km/h	110 km/h	85 km/h	88 km/h
Verbrauch	3 Liter	3,2 Liter	3 Liter	3,8 Liter	2,2 Liter	3,3 Liter

Schrader-Motor-Chronik

Eine große Reihe mit Zukunft

Interessante Dokumentationen in Faksimile, zusammengestellt anhand zeitgenössischen Werbe- und Pressematerials in Schwarzweiß und Farbe. Jeder Band enthält eine Vielzahl von Abbildungen, technischen Angaben und Daten, basierend auf authentischen Werksveröffentlichungen.

Amerikan. Station Wagons/ Woodies 1938-60 ISBN 3-921796-24-5 Best.-Nr. 22124	Alfa Romeo Giulia u. Giulietta, Berlina, Sprint, Spider 1954-78 ISBN 3-922617-50-6 Best.-Nr. 22050	Alfa Romeo Spider 1955-86 ISBN 3-922617-13-1 Best.-Nr. 22013	Austin-Healey 100/4, 100/6, 3000, Sprite Mk. I-IV 1953-72 ISBN 3-922617-20-4 Best.-Nr. 22020	BMW Isetta und ihre Konkurrenten, 1955-62 ISBN 3-922617-10-7 Best.-Nr. 22010	Chevrolet Corvette 1953-86 ISBN 3-922617-51-4 Best.-Nr. 22051	Deutsche Motorfahrräder 1930-55 ISBN 3-921796-23-7 Best.-Nr. 22123
Citroën 2CV 1948-86 ISBN 3-922617-40-9 Best.-Nr. 22040	DKW-Auto Union Zweizyl., 3=6, AU 1000/S/SP 1950-65 ISBN 3-922617-60-3 Best.-Nr. 22060	Fiat 500/600 mit Topolino, Jagst, Multipla u. Weinsberg 1936-69 ISBN 3-922617-26-3 Best.-Nr. 22026	Fiat Sportwagen Coupés und Spider 1948-86 ISBN 3-922617-39-5 Best.-Nr. 22039	Ford Capri 1969-86 ISBN 3-921796-10-5 Best.-Nr. 22110	Goggomobil und Isar 600/700 1955-69 ISBN 3-922617-17-4 Best.-Nr. 22017	Jeep 1942-86 ISBN 3-922617-29-8 Best.-Nr. 22029
Karmann Ghia Coupés und Cabriolets 1955-74 ISBN 3-922617-69-X Best.-Nr. 22062	Lancia Ardea, Aprilia, Aurelia, Appia, Flaminia, Flavia, Fulvia 46-72 ISBN 3-922617-97-2 Best.-Nr. 22097	Lanz Bulldog-Ackerschlepper, Straßenzugmaschinen 1928-55 ISBN 3-922617-56-5 Best.-Nr. 22056	Mercedes-Benz Cabriolets vom 170 u. 220 - 280 SE 3.5 V8 1949-71 ISBN 3-922617-77-8 Best.-Nr. 22077	Mercedes-Benz Heckflosse 220, 190/200, 230, 300 SE 1959-65 ISBN 3-922617-34-4 Best.-Nr. 22034	Mercedes-Benz Ponton 180/D, 190/D, 219, 220, 220S/SE 1953-62 ISBN 3-922617-43-3 Best.-Nr. 22043	MGA-MGB-MGC Roadster und Coupés 1955-1981 ISBN 3-922617-67-0 Best.-Nr. 22067
Mini-Austin, Morris, Cooper S, Special, Clubman, 1275 GT 1959-83 ISBN 3-922617-55-7 Best.-Nr. 22055	Morgan Sport- und Tourenwagen 1935-81 ISBN 3-922617-78-6 Best.-Nr. 22078	NSU Ro 80 und Wankel Spider 1964-77 ISBN 3-922617-49-2 Best.-Nr. 22049	Porsche 356 1948-65 ISBN 3-922617-41-7 Best.-Nr. 22041	Porsche 911 mit Targa, Carrera, Cabriolet, 1963-86 ISBN 3-922617-27-1 Best.-Nr. 22027	Saab Automobile, Modelle 92 bis 99 u. Sonett, 1947-70 ISBN 3-921796-06-7 Best.-Nr. 22106	Triumph Spitfire + GT6 1962-80 ISBN 3-922617-95-6 Best.-Nr. 22095
Triumph TR2-TR8 1953-81 ISBN 3-922617-36-0 Best.-Nr. 22036	Volvo PV 444/544, Amazon 121, 122, 123 GT, P 1800 S/E/ES 1945-73 ISBN 3-922617-90-5 Best.-Nr. 22090	VW Käfer Cabrio, Karmann Ghia, Rometsch etc. 1949-80 ISBN 3-922617-15-8 Best.-Nr. 22015	VW Käfer Limousinen 1938-78 ISBN 3-922617-68-9 Best.-Nr. 22068	VW Transporter / Bus 1949-67 ISBN 3-922617-09-3 Best.-Nr. 22009	BMW Motorräder Einzyl. R24- R27, 1949-67 ISBN 3-922617-19-0 Best.-Nr. 22019	BMW Motorräder Zweizyl. R51/2-R75/5, 1950-73 ISBN 3-922617-54-9 Best.-Nr. 22054
Deutsche Mopeds der 50er Jahre 1950-59 ISBN 3-921796-14-8 Best.-Nr. 22114	Deutsche Motorroller v. Achilles, Dürkopp bis Vict. u. Zünd. 1949-73 ISBN 3-922617-94-8 Best.-Nr. 22094	Dtsch. Seitenwg.-Motorr. von Adler u. BMW, Triumph u. Zündapp ISBN 3-922617-52-2 Best.-Nr. 22052	DKW Motorräder Vorkriegsmodelle, 1922-39 ISBN 3-921796-07-5 Best.-Nr. 22107	DKW Motorräder 1949-58 ISBN 3-922617-47-6 Best.-Nr. 22047	Harley-Davidson Singles u. Twins, Motorräder 1918-78 ISBN 3-922617-61-1 Best.-Nr. 22061	Horex Regina bis Imperator 1950-56 ISBN 3-922617-12-3 Best.-Nr. 22012
MZ • IFA • Simson • AWO • EMW Motorräder 1945-94 ISBN 3-921796-22-9 Best.-Nr. 22122	Moto Guzzi Motorräder 1946-76 ISBN 3-922617-98-0 Best.-Nr. 22098	NSU Motorräder 1949-63 ISBN 3-922617-32-8 Best.-Nr. 22032	Triumph Motorräder 1903 - 57 ISBN 3-922617-89-1 Best.-Nr. 22089	Vespa-Motorroller mit Vespa 400 u. Piaggio Dreirad 1948-86 ISBN 3-922617-25-5 Best.-Nr. 22025	Zündapp Motorräder 1947-84 ISBN 3-922617-37-9 Best.-Nr. 22037	

Schrader Verlag